DESCRIPTIONS
DES ARTS
ET MÉTIERS.

DESCRIPTIONS
DES ARTS
ET MÉTIERS,

FAITES OU APPROUVÉES

PAR MESSIEURS

DE L'ACADÉMIE ROYALE
DES SCIENCES.

Avec Figures en Taille-douce.

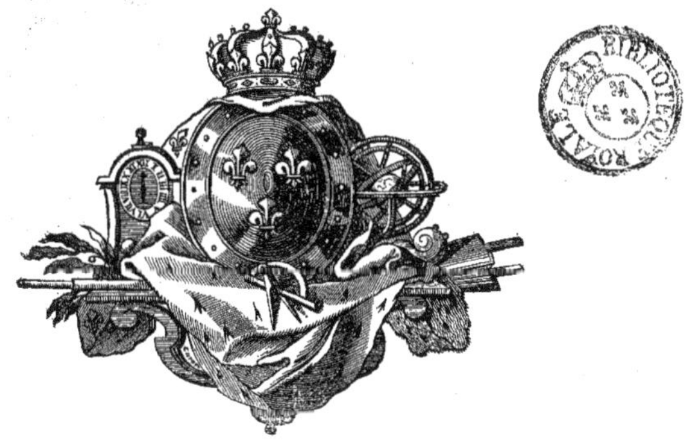

A PARIS,

Chez { SAILLANT & NYON, rue S. Jean de Beauvais; DESAINT, rue du Foin Saint Jacques.

M. DCC. LXI.

Avec Approbation & Privilége du Roi.

ART
DU PERRUQUIER,

CONTENANT LA FAÇON DE LA BARBE; la Coupe des Cheveux ; la Construction des Perruques d'Hommes & de Femmes ; le Perruquier en vieux ; & le Baigneur-Etuviste.

Par M. DE GARSAULT.

M. DCC. LXVII.

AVANT-PROPOS.

Clovis, premier Roi des Francs, ſes Succeſſeurs, & les Princes de leur Sang, regardoient la longue chevelure comme une marque de dignité ſuprême, & ne faiſoient jamais couper leurs cheveux. Raſer un Prince de la Maiſon Royale étoit l'exclure de la Couronne. La Nation portoit auſſi ſes cheveux, mais plus ou moins courts. D'ailleurs, l'obſcurité qui regne à cet égard faute de Monuments, ne permet pas d'en dire davantage. On a vû dans un Sceau royal d'Hugues Capet, chef de la troiſieme Race, qu'il y eſt repréſenté avec des cheveux courts & une barbe aſſez longue : enfin, en 1521, François I. ayant été bleſſé à la tête par accident, fut obligé de faire couper ſes cheveux; tout ſuivit ſon exemple juſqu'aux Prêtres qui ſe firent tondre. Depuis ce temps il devint indifférent aux Rois de porter les cheveux longs ou courts, & cette marque de dignité fut anéantie.

En partant de la premiere époque, c'eſt-à-dire, du regne de Clovis, on voit que la barbe fut en recommandation parmi les Francs pendant pluſieurs ſiécles, juſqu'à ce que Louis VII. ſe l'étant fait entiérement raſer, tous ſes Sujets ſuivirent ſon exemple; ainſi il n'y eut plus de barbes en France juſqu'à François I. qui en 1521, après avoir fait couper ſes cheveux, comme on vient de le dire, laiſſa croître ſa barbe; la voilà donc revenue aux François; les Gens de Juſtice ſeulement ne voulurent pas la reprendre. Henri IV. donnoit une forme réguliere à la ſienne en l'arrondiſſant par en-bas, & tailloit ſes mouſtaches en éventail; ce que l'on peut voir à ſa Statue équeſtre ſur le Pont-neuf. Tout ceci diminua petit à petit, de façon que ſous Louis XIII. la mouſtache étoit beaucoup amincie, & on n'avoit conſervé du reſte de la barbe qu'un toupet en pointe au deſſous de la lévre inférieure, le toupet fut retranché, & Louis XIV. n'avoit plus qu'un filet de barbe à l'endroit de la mouſtache qu'on nommoit *une Royale*, qu'il n'a pas même conſervé juſqu'à la fin de ſon regne. Maintenant ni le Roi, ni aucuns de ſes Sujets ne ſe laiſſent croître la barbe, & tous les François, de quelque état qu'ils ſoient, ſe font réguliérement raſer : les Soldats, principalement les Grenadiers, conſervent encore la mouſtache qui n'eſt regardée à préſent que comme un ornement militaire du Soldat, non de l'Officier.

Comme depuis François I. les prérogatives qu'on avoit attribuées aux cheveux & à la barbe ſont abolies, ceux qui ont de beaux cheveux en ſont ce qu'ils veulent, ſans tirer à conſéquence ; mais la beauté que nous avons aſſignée à nos cheveux eſt une beauté rare ; peu de perſonnes, ſur-tout les Hommes, ſe trouvent les avoir avec toutes les qualités néceſſaires, dont voici les conditions qui ſont d'être raiſonnablement épais & forts, d'une belle couleur de chataigne, plus ou moins foncée, ou d'un beau blond argenté, d'une longueur moyenne, deſcendant juſqu'à la moitié du dos ; il faut encore, que ſans être crêpés, ils friſent naturellement, ou du moins qu'ils tiennent long-temps la friſure, que les tempes & le deſſus du front ſoient ſuffiſamment garnis.

Les cheveux en général ſont ſujets à bien des accidents & des défauts qu'il falloit ſupporter ou du moins pallier, avant que la perruque eût été imaginée. Pluſieurs ſe trouvent en avoir très-peu ; il y a des maladies qui les font tomber ; ils ſe dégarniſſent quelquefois ſans aucune maladie apparente, de maniere que non-ſeulement les perſonnes âgées, mais ceux qui ne le ſont pas encore, deviennent chauves avant le temps : il falloit donc ſe réſoudre à porter des calottes, coëffure triſte & platte, ſur-tout quand aucun cheveu ne l'accompagne. Ce fut pour remédier à ce déſagrément, qu'on imagina au commencement du regne de Louis XIII. d'attacher à la calotte des cheveux poſtiches qui paruſſent être les véritables ; on parvint enſuite à lacer des cheveux dans un toilé étroit de Tiſſerand, comme auſſi dans un tiſſu de Franger qu'on nomme le *Point de Milan* : on couſoit par rangées ces entrelacements ſur la calotte même, rendue plus mince & plus légere ; pour cet effet on ſe ſervoit d'un canepin (l'épiderme de la peau du mouton) ſur lequel on attachoit une chevelure qui accompagnoit le viſage & tomboit ſur le col ; c'étoit alors ce qu'on appella *une Perruque* : enfin, on perfectionna cette eſpece de modele qui étoit déja un acheminement aux treſſes. Les treſſes ſur trois ſoies furent trouvées : on les arrangeoit en les couſant ſur des rubans, ou autres étoffes que l'on tendoit & aſſembloit ſur des têtes de bois ; on parvint enfin à copier une chevelure entiere aſſez bien pour pouvoir la ſuppléer au défaut des cheveux naturels. Cette découverte parut ſi bonne & ſi ſecourable, qu'en 1656, Louis XIV. dit *le Grand*, créa quarante-huit Charges de Barbiers-Perruquiers ſuivant la Cour, & en même temps il fut auſſi créé en faveur du Public deux cents autres Charges ; cette création reſta ſans exécution : enfin, en 1673, on en fit une autre de deux cents Charges ; celle-ci eut lieu.

Mais quelque temps après que ces dernieres Charges eurent été créées,

M. Colbert s'appercevant qu'il ſortoit des ſommes conſidérables du Royaume pour acheter des cheveux chez l'Etranger, il fut délibéré d'abolir les Perruques & de ſe ſervir de bonnets, tels à peu-près que quelques Nations en portent : il en fut même eſſayé devant le Roi pluſieurs modeles ; mais le Corps des Perruquiers ſentant bien qu'il alloit être anéanti, préſenta au Conſeil un Mémoire accompagné d'un Tarif bien circonſtancié, qui faiſoit voir qu'étant les premiers qui exerçoient cet Art nouveau, lequel n'avoit point encore paſſé dans les Etats circonvoiſins, tels que l'Eſpagne, l'Italie, l'Angleterre, &c. les envois de Perruques qu'ils faiſoient, ſurpaſſoient beaucoup la dépenſe, & faiſoient entrer dans le Royaume des ſommes bien plus conſidérables, qu'il n'en ſortoit pour l'achat des cheveux, ce qui fut cauſe que le projet des Bonnets fut abandonné *.

De nouvelles Charges ont été créées, & ils ſont actuellement au nombre de 850, ſous le titre de *Barbiers-Perruquiers-Baigneurs-Etuviſtes.* Ils reçoivent leurs Lettres en Chancellerie, & levent leurs Charges aux Parties Caſuelles ; elles ſont héréditaires : leurs Officiers ſont un Prevôt, des Gardes, des Syndics ; ils ont droit & leur eſt attribué le commerce des cheveux en gros & en détail, comme auſſi leur eſt permis de faire & vendre poudre, pommade, opiat pour les dents, en un mot, tout ce qui peut ſervir à la propreté de la tête & du viſage : mais à préſent la plus grande partie des Perruquiers ne s'embarraſſent point de ces compoſitions qu'ils laiſſent aux Parfumeurs, dans le diſtrict deſquels elles tombent naturellement. Ils font la barbe ; cette opération du Perruquier eſt la ſeule qui ſoit permiſe aux Chirurgiens : le raſoir étant regardé comme un inſtrument de Chirurgie : mais comme le Perruquier & le Chirurgien ont tous deux le droit de faire la barbe qui eſt une opération journaliere & générale, & que le Chirurgien n'a pas celui d'accommoder la Perruque, il étoit néceſſaire de les diſtinguer l'un de l'autre par des marques extérieures ; c'eſt pourquoi afin que le Public puiſſe reconnoître auquel des deux il a affaire, le Chirurgien doit avoir pour enſeigne des baſſins de cuivre jaune, & ne peut peindre le devant de ſa boutique qu'en rouge ou en noir, au lieu que le Perruquier a des baſſins blancs (d'étain) & peut peindre le devant de ſa boutique en toutes autres couleurs.

Ce qui conſtitue particuliérement l'Art du Perruquier eſt celui de faire les cheveux, c'eſt-à-dire, de les étager pour leur donner un aſpect agréa-

* On n'a d'autorités pour citer ce fait que la tradition : celui qui m'en a inſtruit l'avoit entendu dire à un Officier décoré de la Croix de S. Louis, fort vieux, qui lui dit en avoir été témoin.

ble, celui de conſtruire toutes eſpeces de Perruques & parties de Perruques, comme tours, toupets, chignons, &c. pour Hommes & pour Femmes, & de tenir des Bains & Etuves.

La manufacture des Perruques eſt un Art moderne; il ſe perfectionne de jour en jour, & il y a apparence qu'il ſera durable par les avantages qu'il acquiert ſur les cheveux naturels, dont un des plus grands eſt de débarraſſer des ſoins journaliers; les Femmes même en profitent, quoique plus rarement, attendu que leur tête ne ſe dégarnit pas ſi communément que celle des Hommes: en un mot, la Perruque eſt de tout ſexe & de toutes conditions.

L'uſage de la poudre eſt encore plus nouveau que celui de la Perruque: Louis XIV. ne pouvoit la ſouffrir; on obtint cependant de lui ſur la fin de ſon regne, quelque adouciſſement à cette averſion, & même il enduroit qu'on en mît une idée à ſes perruques; maintenant il eſt très-commun de mettre de la poudre aux cheveux & aux perruques.

Les Bains & Etuves, autre appanage du Perruquier, ont une origine bien différente des autres parties dont on vient de parler; car ils ſont de toute antiquité, principalement dans les pays chauds, où ils ſont journaliers; dans le nôtre on n'en uſe que de temps en temps, ſur-tout en été; je ne parle que des Bains de propreté: d'ailleurs les Bains ſont d'un grand ſecours en Médecine, alors ils ſe diviſent en différentes eſpeces, *Demi-Bain, Bain froid, Bain chaud, Bain d'immerſion, &c.* Quelques Perruquiers s'adonnent à cette branche de l'Art, & on trouve chez eux baignoires, étuves, & tout ce qui y a rapport, comme pâtes dépilatoires, &c.

L'Art du Perruquier, c'eſt-à-dire, de tous les objets qu'il embraſſe, étant celui dont on entreprend de donner ici l'explication détaillée, on va commencer par la barbe, comme ſon opération la plus ordinaire, enſuite viendra l'accommodage des cheveux naturels, puis la manufacture des Perruques, enfin les Bains & Etuves.

On doit la deſcription de toutes ces parties de l'Art, & principalement de la plus compliquée, c'eſt-à-dire, de la conſtruction de la Perruque & de tous ſes détails, à M. *Antoine Quarré*, Perruquier appliqué & ingénieux, qui a fait pluſieurs recherches pour ſa perfection, & dont le but & le projet eſt d'imiter la belle Nature: & pour l'Art du Baigneur, on a eu le bonheur de s'adreſſer à M. *Thomas le Clerc*, Baigneur très-inſtruit, & même au-delà des connoiſſances qui lui ſuffiroient pour réuſſir parfaitement dans ſon Art.

ART

ART
DU PERRUQUIER,

CONTENANT LA FAÇON DE LA BARBE; la Coupe des Cheveux; la Construction des Perruques d'Hommes & de Femmes; le Perruquier en vieux; & le Baigneur-Etuviste.

LE BARBIER-PERRUQUIER.

CHAPITRE PREMIER.

Faire la Barbe.

QUOIQUE l'opération de la Barbe soit une des moins ignorées, on ne sçauroit cependant se dispenser d'en faire mention ici (*Pl. I.*), attendu qu'elle entre nécessairement dans l'Art du Perruquier : c'est pourquoi on va nommer les instruments dont il se sert particuliérement à cet égard, à chacun desquels on ajoutera ce qu'on croira convenable de remarquer. PLANCHE I.

Instruments.

a, Un Bassin à barbe d'étain ou de fayence, dans lequel est une savonette.

b, Un Coquemard de cuivre rouge de Perruquier, pour chauffer l'eau dans la boutique.

c, Une Bouteille à l'eau chaude, de cuivre rouge, pour mettre de l'eau chaude dans la poche, & la transporter en ville.

d, Un Cuir préparé : c'est une laniere de cuir de veau collé sur une petite tringle de bois avec son manche, & empreint de quelques poudres impalpables, comme émeri, ardoise pilée, brique, poudre de pierre-à-razoir, &c. L'effet du cuir, quand il est bon, est de faire couper le razoir plus doux.

e, Une Pierre-à-razoir : espece de pierre d'un grain très-fin, qui se tire du pays de Liége, ou de Lorraine, où on la trouve sur les carrieres d'ardoise : elle sert avec quelques gouttes d'huile d'olive, à repasser les razoirs quand ils viennent à s'émousser ; ceux qu'on destine aux barbes fortes & dures, doivent être repassés plus gros de taillant.

f, Un morceau de Savon blanc : le savon blanc est meilleur pour la barbe que les savonettes de composition ; il l'attendrit mieux, ce qui fait que le razoir coupe plus doux.

g, Un Razoir fermé, & un autre ouvert.

On fait fondre du savon blanc dans de l'eau chaude ou froide, on en lave la barbe pour l'attendrir, on la raze ensuite, on finit par laver le visage.

Quand on se fait razer toute la tête, on finit par la laver avec un peu d'eau-de-vie.

CHAPITRE SECOND.

Faire les Cheveux, & friser.

LA COUPE des Cheveux est la science qui donne aux cheveux naturels une forme réguliere, en retranchant leurs inégalités & les taillant par étages, lesquels doivent s'arranger avec grace en accompagnant le visage. C'est précisément le rudiment de la Perruque, & les principes sur lesquels elle a été perfectionnée. Il est donc à propos de détailler le mieux qu'on pourra cette opération, attendu qu'elle est une des plus essentielles du Perruquier.

Les Perruquiers appellent *faire les cheveux*, les couper suivant les regles de l'Art ; ce qui se termine ordinairement par friser & poudrer.

Commencez par peigner toute la tête à fond pour bien démêler les cheveux ; ensuite prenant & engageant dans votre peigne *A* (*Pl. I.*), d'abord sur le haut de la tête, une portion ou rangée de cheveux, vous aménerez doucement le peigne vers vous en droiture ou de biais, suivant que vous voudrez couper ou droit ou en biais, avancez ainsi jusques vers la pointe des cheveux, que vous laisserez en-dehors engagée dans le peigne ; puis coulant vos cizeaux *B*, à demi-fermés, par-dessous le peigne, ils couperont tout ce que vous voulez retrancher de ce rang ; vous continuerez cette façon sur toute la tête, jusqu'à ce que les cheveux soient faits, observant que les rangs supérieurs soient plus courts que les inférieurs par toute la tête.

Nota, qu'il est nécessaire que le Perruquier en amenant (comme il vient d'être dit) les cheveux à lui, les maintienne toujours d'équerre à la tête ; car s'il les abaissoit avant de couper, il arriveroit que ceux de dessus recouvriroient ceux de dessous, ce qui feroit une épaisseur désagréable ; cette remarque doit servir aussi pour les perruques ci-après, sur lesquelles le Perruquier fait à peu-près la même opération.

Il ſembleroit ſur l'expoſé qu'on vient de faire de la coupe des cheveux, qu'un peu d'habitude ſuffiroit pour en venir à bout ; cependant il ſe trouve des Perruquiers bien ſupérieurs en cela à d'autres. Comme cette opération n'a point de regles préciſes, c'eſt une affaire de génie, dont un certain talent, le goût & le coup-d'œil font tous les frais.

Quand les cheveux ſont faits, on les met ordinairement tout de ſuite en papillotes pour les friſer, on les paſſe au fer, & on les poudre. Or, comme ces opérations ne ſe font point au haſard, mais ſont aſſujetties à des procédés & à quelques inſtruments particuliers, c'eſt ici le lieu d'expliquer comment on doit s'y prendre pour bien opérer.

Les papillotes ſont faites de papier taillé en petits triangles, de deux pouces ou environ : préférez pour les faire le papier gris, le papier Joſeph, le papier brouillard, parce qu'ils ſe déchirent & ſe caſſent plus difficilement que tout autre. Raſſemblez avec votre peigne une petite portion de cheveux, ſaiſiſſez-les en-deſſous avec les deux premiers doigts d'une main vers le milieu, & les prenant de l'autre par la pointe, roulez-les ſur eux-mêmes, & enveloppez-les tout de ſuite avec une papillote C (*Pl. I.*).

Il ſe fait de deux ſortes de friſures, ou en crêpé, ou en boucle. Pour le crêpé qui s'exécute ordinairement aux cheveux courts du haut de la tête, on prend les cheveux pêle-mêle, & on les tourne court & ſerré ſans précaution, afin qu'il ne ſe faſſe point de vuide dans le milieu ; au lieu qu'à la friſure en boucle on ménage un vuide dans le milieu du roulement.

Toute la tête étant garnie de papillotes, il s'agit maintenant de la paſſer au fer.

Le Perruquier ſe ſert de deux ſortes de Fer : l'un eſt une pince terminée par deux mâchoires plates en-dedans D (*Pl. I.*) ; l'ancienne façon *d d*, étoit de les faire d'égale épaiſſeur : l'autre reſſemble à de longs cizeaux. Le premier ſe nomme *Fer à friſer* ; le ſecond, *Fer à toupet* E, dont une des branches qui eſt ronde, entre dans l'autre qui eſt creuſée. Faites chauffer le fer à friſer, à nud, ſur de la braiſe, jamais ſur le charbon. Quand il ſera au degré de chaleur néceſſaire, ce qu'on reconnoît lorſqu'il ne rouſſit pas un papier qu'on lui préſente, ou bien en l'approchant de la joue, vous ſerrerez chaque papillote un inſtant plus ou moins long, mais il vaut mieux l'employer aſſez chaud pour qu'il reſte peu ſur chacune ; c'eſt pourquoi quand on a toute une tête à paſſer, on a pluſieurs fers qui chauffent en même temps.

Quand toutes les papillotes ſeront refroidies, vous les déferez & peignerez le tout enſemble, puis vous formerez & arrangerez avec grace les boucles, le toupet & le crêpé qui ſe pratique ordinairement aux cheveux courts vers le front & les temples.

Crêper eſt mêler & confondre enſemble les cheveux friſés : cet accommodage par ſa légéreté donne un aſpect agréable à la vûe. Pour crêper on pince de haut en bas légérement avec deux doigts au travers des cheveux qu'on veut crêper ; on amene doucement à soi ceux qu'on a saisis, & en même temps on les repousse avec le peigne fin à mesure qu'ils se dégagent d'entre les doigts.

Quant aux boucles, on les forme en peignant ensemble une quantité de cheveux, dont on rabat la frisure sur le premier doigt qui leur sert de moule.

Le Perruquier a encore d'autres rubriques, soit pour dégarnir les chevelures trop épaisses, soit pour rendre les cheveux plus fermes, afin qu'ils tiennent la frisure. Pour dégarnir il fait une opération, qu'il appelle *effiler* : voici comme il s'y prend. Il releve & fait tenir à la tête avec son peigne un rang de cheveux, & portant ses cizeaux aux racines de ceux que ce rang relevé a découverts, il les tient entr'ouverts les pointes en-bas, & par le moyen d'un léger pincement, il coupe ce qu'il juge être de trop ; il parvient ainsi à réduire une chevelure quand elle est trop enflée. Il affermit & donne plus de consistance aux cheveux mous & qui se laissent trop aller, avec ce qu'il appelle de la *Pommade forte* : il fait cette pommade sur le champ, en mêlant un peu de poudre avec de la pommade qu'il fait fondre dans ses mains. Il retrousse les cheveux comme à la précédente opération, met de cette pommade à la racine des cheveux qu'il vient de découvrir, ce qu'il continue d'étages en étages.

Quand on veut un toupet qui couronne le front, c'est-à-dire, que le premier rang, au lieu d'être frisé, soit relevé à plat & recourbé en arriere ; c'est l'office du fer à toupet. Le Perruquier le fait chauffer modérément ; il prend ensuite entre ses deux branches le rang qui doit former le toupet, il le dirige en-haut tout droit ; puis tournant le fer, sa branche ronde en-dessous, il le courbe en arriere, & fait faire aux cheveux par le bout le crochet en bas.

Poudrer.

La frisure étant arrangée, il ne s'agit plus que de poudrer. La meilleure poudre pour les cheveux est faite de farine de froment, & la pommade est du saindoux : on met la poudre dans une large boëte de fer blanc *F*, ou dans un sac de peau de mouton *G*.

Les meilleures houpes à poudrer *H*, sont faites avec les longues soies qui sont aux chefs des étoffes de soie.

Commencez par enduire de pommade le dedans de vos deux mains, que vous passerez ensuite légérement sur toute la frisure ; chargez d'abord votre houpe de peu de poudre pour poudrer *à demi-poudre*, terme de Perruquier. Cette petite quantité de poudre suffira pour faire appercevoir les cheveux qui sortent de l'arrangement général & les couper, après quoi vous acheverez de poudrer.

De peur que la poudre ne se répande sur le visage & n'entre dans les yeux de de celui que l'on poudre, les Perruquiers lui donnent un *cornet I*; c'eſt une feuille de carton tournée comme un cornet de papier : on ſe cache le viſage dans le gros bout de ce cornet; il a des yeux de verre, & l'air pour la reſpiration entre par le petit bout : on le tient à la main.

Des différentes façons de porter les Cheveux.

Les cheveux naturels ſe portent de différentes façons : ſçavoir, de toute leur longueur, ou très-courts, principalement les Eccléſiaſtiques, auxquels ils ne doivent pas dépaſſer le bas de la nuque du col. On les met *en bourſe, en cadenette, en cadogan* ; cette nouvelle façon eſt une nouvelle mode : on plie l'un ſur l'autre tous les longs cheveux de derriere pris enſemble, & quand on eſt arrivé à la nuque, on noue par le milieu tous ces retours avec un ruban. Le toupet *à la Grecque* eſt encore une mode nouvelle : on laiſſe les cheveux du toupet fort longs, & on les renverſe bien avant ſur le ſommet de la tête.

Les perruques imitent une partie de ces accommodages ; mais elles en ont de particuliers qui s'en éloignent beaucoup, comme on verra ci-après.

Depuis quelque temps il a été imaginé pour les Soldats des Régiments des Gardes Françoiſes & Suiſſes, afin de ſoutenir leurs friſures contre toutes ſortes de temps, une façon qui n'eſt pas tout-à-fait la même pour les uns & pour les autres, mais qui fait à peu-près le même effet. La maniere des Gardes-Françoiſes eſt de ſe ſervir d'une lame de plomb, mince & étroite, d'environ trois pouces de long *A* (*Pl. V.*). Après avoir ôté les papillotes des cheveux des côtés, ils en prennent la maſſe dans les doigts, portent ſous le milieu de ſa largeur une portion de la lame de plomb, la plient en revenant par-deſſus, roulent les cheveux par-deſſus ce premier pli, & font tenir cette boucle en appuyant deſſus par un ſecond pli le reſte de la lame. Le ſurplus de la maſſe des cheveux au-deſſus de ce dernier pli, ſe dirige en-dehors, retombe & la cache, ce qui forme deux boucles paralleles *B*. Les Suiſſes ne font autre choſe que rouler la boucle autour d'une carte en rond, & l'arrêter à la carte avec une épingle.

CHAPITRE TROISIEME.

De la Perruque en général.

Le plus grand art du Perruquier eſt celui par lequel il rend les cheveux à ceux qui s'en ſont défaits, & en donne à ceux qui en manquent. Faire une perruque, eſt conſtruire une eſpece d'épiderme, au travers duquel on attache & on arrange des cheveux friſés, ou non friſés, aſſez artiſtement pour qu'étant poſés ſur la tête ils paroiſſent être les véritables. Il ſeroit ici queſtion d'imiter la belle Nature. Cependant parmi les eſpeces de perruques qui ſe ſont actuellement, les unes ſuivent ſes loix, les autres s'en écartent encore, mais bien moins cependant que dans l'enfance de cet Art, dont on étoit tellement épris, que l'on croyoit ne pouvoir jamais avoir aſſez de cheveux ſur la tête. Les perruques étoient immenſes en largeur & en longueur, & repréſentoient plutôt la face d'un ours ou d'un lion, que la forme d'une tête humaine.

Les perruques uſitées actuellement ſont au nombre de ſept ou huit ſortes, parmi leſquelles quelques-unes paſſent de mode, ſans doute pour y revenir, comme toutes les modes en France.

PLANCHE II. On fait des *Bonnets* ou *Perruques courtes*, *A*. Ces bonnets ſont ronds, s'allongeant cependant plus ou moins derriere le col. Les *Perruques en bourſe*, *B*, ſe terminent derriere par des cheveux plats & longs *m m*, (*Pl. II.*) qu'on enferme dans une bourſe de taffetas noir *n*, qui les prend à la hauteur du col. Ces deux eſpeces ſont fort à la mode. Les *Perruques nouées C*, ſont plus garnies de cheveux que les précédentes. Elles ſe terminent ſur le dos de chaque côté par des cheveux droits & longs, que l'on noue d'un ſimple nœud *ss*; l'intervalle entre ces deux côtés eſt occupé par une groſſe boucle de crin roulée en tire-bouchon *r*. Cette eſpece de perruque eſt une des plus compoſées, & quoiqu'elle s'éloigne beaucoup du naturel, elle eſt cependant très-commune. La *Perruque d'Abbé* D, reſſemble beaucoup au bonnet : elle eſt toute ronde; elle ſe monte différemment des autres, comme on verra par la ſuite. Les *Perruques naturelles* E, imitent les longues chevelures : elles ſont friſées comme toutes les autres le long de la face, mais elles deſcendent enſuite à plat par derriere juſques vers la moitié du dos, où elles finiſſent en pointe *a*, ou bien quarrément par des boucles *bb*. Cette perruque eſt la coëffure des Jeunes-gens de Juſtice. Les *Perruques quarrées* F, ſont conſtruites en général comme les perruques nouées; elles ont de même une groſſe boucle de crin en tire-bouchon *r*, mais à la place des nœuds ce ſont des rangs de cheveux friſés *tt*, qui deſcendent quarrément juſques vers la moitié des épaules. Cette coëffure eſt celle des Magiſtrats & Gens graves. La *Perruque à la Brigadiere* G, eſt conſtruite comme le bonnet, & ſe termine par deux groſſes boucles de crin en tire-bouchon, accollées *d*, que l'on noue enſemble avec une roſette de ruban noir *ee*. C'eſt proprement la coëffure des Gens de cheval, elle ſied très-bien. La *Perruque à cadenettes* H, imite la perruque naturelle, avec cette différence que les cheveux longs ſe partagent en deux côtés, qu'on enferme dans deux cadenettes *rr*. On voit actuellement peu de cette eſpece de perruques.

Toutes ces perruques ſe font *à montures pleines*, ou *à oreilles* & *demi-oreilles*; ce qui ſera expliqué ci-après. Le Perruquier fait auſſi des *Tours de cheveux* pour garnir les chevelures naturelles, dont le défaut eſt d'être trop claires. Il fait de même des *Tempes*, des *Toupets*, & autres parties de chevelure; principalement aux Femmes, auxquelles on fait auſſi des *Devants*, des *Bichons friſés*, des *Chignons relevés*, des *Perruques entieres*, &c.

CHAPITRE QUATRIEME.

Des Cheveux & Crins qui ſervent aux Perruques.

COMME la Perruque eſt deſtinée à procurer des cheveux aux têtes qui en ont beſoin, il paroîtroit qu'il ne devroit entrer que des cheveux dans ſa conſtruction; cependant à moins que le cheveu dont on ſe ſervira, ne ſoit de premiere qualité, & par conſéquent bien cher, on peut faire une bonne perruque à meilleur marché, en mêlant un peu de crin de cheval pris ſur la criniere, avec un cheveu de qualité inférieure : le crin étant plus ferme, aide à ſoutenir la friſure. D'ailleurs toutes les groſſes boucles des perruques nouées, quarrées & à la Brigadiere, doivent être de crin. On ſe ſert encore du toupet de crin qui ſe trouve au bout des queues des geniſſes. Il ſe fait même des perruques entiérement de crin de cheval, mêlé, ſi l'on veut, avec celui de veau & de geniſſe, leſquelles ſont fort bonnes & réuſſiſſent très-bien. Il eſt vrai que ſuivant les Statuts des Perruquiers, elles ſont ſaiſiſſables; mais ils ſont fort mal s'ils les ſaiſiſſent, car elles ſont excellentes & à l'avantage du Public. On a employé de temps en temps d'autres matieres, comme poil de chevre, laine de moutons de Barbarie, fil-de-fer. Tout cela eſt tombé de ſoi-même par ſon peu de mérite. On a vû auſſi des perruques de verre blanc & de fougeres; mais c'étoit pure curioſité.

Les cheveux ſe vendent chez quelques Perruquiers qui ſe ſont adonnés à ce commerce; ils les achetent de Marchands qui courent le pays, & les débitent à la livre. Il vient des cheveux de beaucoup d'endroits. On en tire de Flandres, de Hollande, de toutes les provinces de France; mais les meilleurs nous viennent de Normandie.

Pour qu'un cheveu ſoit de bonne qualité, il doit être rond, élaſtique, lourd : ceux des pays chauds ſont ſecs & creux, par conſéquent de moindre qualité. Il ſe vend encore une eſpece de cheveux qui nous viennent de Suiſſe & d'Angleterre : ce ſont des cheveux originairement roux, qu'on a blanchis ſur l'herbe comme on blanchit la toile, & que par cette raiſon on nomme de *l'Herbé* ou des *Cheveux herbés*. Ils ne ſe friſent point, ils ne ſervent qu'à faire les nuances des plaques, du liſſe, &c. On ne doit jamais les mêler dans le corps de la friſure.

Les cheveux les plus chers ſont les blancs, les blonds & les noir-jais; cette derniere couleur s'emploie maintenant très-peu : les couleurs communes ſont les chateins clairs & bruns.

On ne doit jamais employer les cheveux des hommes; ils ſont trop ſecs & caſſants, étant toujours à l'air; ceux des Dames & des Habitantes des villes ont le même inconvénient : ce sont les Villageoises & les Femmes de campagne qui seules fournissent les bons cheveux, parce qu'elles les ont toujours à couvert sous leurs bonnets ; car moins ils prennent l'air, meilleurs ils sont.

A l'égard du crin, il s'en trouve, comme le cheveu, de toutes couleurs & degrés de finesse. On ne se sert jamais du crin de la queue des chevaux. On doit observer ici que le crin, quoique pris sur un animal vivant, est communément mêlé de crin mort : on appelle *mort* un crin mat & cassant : le crin vif est toujours lustré & luisant ; c'est pourquoi il est nécessaire d'éplucher le crin en en ôtant tout le mort avant de s'en servir : c'est ordinairement le Marchand qui prépare son crin avant de le mettre en vente.

Il est bon de remarquer ici que quelques Perruquiers pourroient se tromper & leurs Pratiques, en employant du poil blanc de bouc à la place du cheveu herbé, attendu que ce poil est mol, sans consistance, jaunâtre, casse, & en un mot, ne vaut rien.

CHAPITRE CINQUIEME.

Le Travail de la Perruque.

Prendre la Mesure.

De quelque espece que soit la Perruque, la mesure se prend toujours de la même façon, puisque ce doit être celle de la tête que vous avez à coëffer. Pour cet effet vous vous servirez d'une bande de papier, d'un pouce de large, & de longueur suffisante ; vous la porterez :

1°. Du haut du front à la nuque du col, observant toujours de ne pas descendre trop bas, de peur que le mouvement de la tête en arriere ne repousse la perruque sur le front ; & même pour en être plus sûr, vous prierez la personne, dont vous prenez la mesure, de faire ce mouvement.

Marquez l'extrémité de cette mesure, ainsi que de toutes les autres, par de petites oches ou entailles, que vous ferez au papier avec vos cizeaux.

2°. Mesurez d'une tempe à l'autre, passant par le milieu du derriere de la tête.

3°. D'une oreille à l'autre, passant sur le sommet de la tête. Si vous devez faire une perruque à oreilles, vous arrêterez cette mesure au-dessus des oreilles : si c'est à demi-oreilles, vous l'arrêterez à la moitié des oreilles : vous la porterez jusqu'au bas des oreilles, si la perruque doit être à monture pleine, c'est-à-dire, si elle doit couvrir entiérement les oreilles.

4°. Au milieu des deux joues, passant par-derriere la tête.

5°. Du milieu du haut du front, jusqu'à l'une ou l'autre tempe.

La mesure prise, on convient de la nuance, c'est-à-dire, de la couleur dont sera la perruque.

Instruments

Inſtruments & Matériaux.

Une Tête à perruque de bois d'orme ou de frêne.
Des Cizeaux grands & petits.
Des Peignes gros & fins.
Des Serrans & Cardes de fer.
Un Métier à treſſer.
Un Etau de Perruquier.
Une Regle de bois à étager.
Des Bilboquets de buis.
Une Etuve ou Tambour.
Un Fer à paſſer.

Un Réſeau ou Coëffe.
Du Ruban à monter.
Du Ruban à couvrir.
Des Cheveux.
Du Crin de cheval, veau, vache.
Du Bougran ou Treillis.
Du Fil gris nommé *Fil en trois.*
Du Fil de pêne.

On mettra les lettres de renvoi de ceux qui ſont deſſinés à meſure qu'on en parlera.

ARTICLE PREMIER.

Préparation des Cheveux.

APRE's avoir acheté vos cheveux en gras ou plats, c'eſt-à-dire, tels qu'ils ſortent de la tête ſur laquelle ils ont été coupés, il s'agit de les préparer en leur donnant la conſiſtance, la friſure & l'arrangement requis, afin de pouvoir enſuite être employés à la conſtruction d'une perruque ſolide & durable. On va voir que ceci eſt un vrai travail, rempli de quantité de circonſtances indiſpenſables. PLANCHE I.

Commencez par *détêter*, c'eſt-à-dire, partager vos cheveux en petites portions que vous lierez vers le milieu, mais plus du côté de la tête du cheveu.

Nota. On nomme la *Tête du cheveu*, le bout qui effectivement tenoit à la tête: l'autre bout s'appelle la *Pointe du cheveu.*

Prenant enſuite chaque portion mettez-la au *dégras.* On a pour cette opération de la farine folle, autrement gruau ou petit ſon, qui n'eſt autre choſe que la farine qui s'éleve en l'air dans les Moulins, ou aux Halles quand on la remue, & qui retombe ſur la place : on ſe ſert auſſi de ſablon fin. Vous ſaupoudrerez chaque portion de cheveux, que vous agiterez à meſure pour faire entrer celui de ces ingrédiens dont vous vous ſerez ſervi, & peu après vous le ferez ſortir en ſecouant; vos cheveux alors ſeront ſuffiſamment dégraiſſés.

Enfoncez le plus que vous pourrez de ces portions dégraiſſées dans un Serran ou grande carde *K*, (*Pl. I.*) la pointe des cheveux *L* de votre côté, afin de les tirer par la pointe : ce qui ſe fait en prenant avec le pouce & une des lames de vos grands cizeaux entr'ouverts, ceux qui dépaſſent les autres, les tirant dehors, & les donnant à meſure à votre main gauche.

Quand vous en aurez raſſemblé une certaine quantité, vous les ficellerez vers la tête avec du fil de pêne : *on nomme ainſi les longs fils du bout des pièces de toile, qui ſervent à tendre les métiers des Tiſſerands.* Mettez chaque paquet à part, & continuant à tirer toujours les cheveux dépaſſants, poſez à meſure les paquets que vous en ferez, l'un ſur l'autre en croix, pour qu'ils ne ſe brouillent pas : par cette façon les cheveux s'étagent, pour ainſi dire, d'eux-mêmes : car les plus longs viennent d'abord, & on arrive enfin par degrés à tirer juſqu'aux plus courts. Quand on a des cheveux précieux, on les tire, pour n'en point perdre, d'abord par la tête, & une ſeconde fois par la pointe.

Toutes vos portions ainſi préparées, enfilez-les en pluſieurs ſuites proportionnées l'une à l'autre ; alors elles ſeront prêtes à être friſées.

Le blanc & les couleurs claires demandent quelques attentions de plus que les couleurs communes. Si on ne les trouve pas aſſez dégraiſſées par l'opération du gruau marquée ci-deſſus, on les lave dans du ſavon noir ; après quoi ayant mis une pierre d'indigo brut dans un linge, on trempe ce nouet dans l'eau tiede, on l'y preſſe & exprime avec force, juſqu'à ce qu'on voie l'eau chargée d'une teinture bleue très-foncée ; alors on y trempe les cheveux, puis on les laiſſe ſécher : cette préparation leur donne un œil bleu tendre, qui les empêche de rouſſir par la ſuite.

Nota, que c'eſt une très-mauvaiſe maxime de blanchir le cheveu à la vapeur du ſoufre, qui le deſſéche trop & le rend caſſant : on peut y blanchir le crin de cheval, qui eſt plus robuſte ; on lave auſſi les queues de veau & de jeune vache dans une eau ſavoneuſe pour les déjaunir.

Il s'agit maintenant de friſer le cheveu. On commence par placer l'étau *M* (*Pl. I.*) au bord d'une table, à laquelle on le viſſe. Cette eſpece d'étau eſt particulier au Perruquier, tant pour ſa forme, que par ſa ſituation horiſontale : (le deſſein le fait ſuffiſamment connoître). La petite branche ſupérieure *O*, qui tient à la vis de la tête, ſert à le ſerrer, & le reſſort qui eſt entre les deux branches des mâchoires, à l'ouvrir : la ficelle *N*, qui paſſe ſur la mâchoire ſupérieure, deſcend double juſqu'à terre, où elle eſt réunie par un nœud. On va ſavoir quel eſt ſon uſage.

Vous étant aſſis vis-à-vis de l'étau, prenez une portion de cheveux d'une de vos ſuites ; enveloppez-la par la tête d'un morceau de cuir, que vous prendrez & ſerrerez dans l'étau, les pointes de votre côté, alors vous en ſéparerez une partie ; & pour n'être point embarraſſé du ſurplus, vous le rangerez derriere la ficelle *N*, dont on vient de parler, que vous tiendrez tendue en mettant le pied dedans. D'autres attachent un bout de ficelle à la mâchoire ſupérieure de l'étau ; ils le laiſſent pendre, & mettent un plomb à ſon extrémité ; ils rangent de même derriere le ſurplus des cheveux.

Ayant donc amené à vous cette partie ſéparée, que vous tenez ferme par les pointes, vous placerez deſſous un petit morceau de papier, & par deſſus un bilboquet, le cheveu entre deux, que vous roulerez bien ferme ſur ce bilboquet, le papier marchera en même temps & s'y roulera auſſi.

Mais avant d'aller plus loin on doit faire connoître le *Bilboquet*; après quoi on reprendra cette opération où on l'a laiſſée.

Le Perruquier doit être muni d'un bon nombre de bilboquets *oooo*. Ce ſont de petits bâtons de buis, d'environ trois pouces de long, ronds, plus menus au milieu, renflés aux deux extrémités : c'eſt, comme on vient de dire, ſur eux qu'on roule les cheveux par la pointe : on roule auſſi le crin ſur des bilboquets plus gros. Les bilboquets ſur leſquels on roule les friſures des Femmes, doivent être fort menus, c'eſt-à-dire, gros comme une ficelle ordinaire : on les peut faire auſſi de fil de fer, mais cette pratique a le défaut de rouſſir les pointes du cheveu.

En continuant l'opération du bilboquet vous ne roulerez jamais deſſus plus de quatre travers de doigts, quelque longs que ſoient les cheveux ; cette friſure eſt ſuffiſante. Vos cheveux roulés, vous les ficélerez au bilboquet par pluſieurs tours de ficelle : vous ferez la même manœuvre à toutes les parties dans leſquelles vous diviſerez votre portion de cheveux ; ainſi il y en aura telle de laquelle il pendra trois, quatre, &c. bilboquets ficelés. Quand les cheveux ſont très-courts, on les roule en entier ſur le bilboquet ; ils ſe trouvent entourés du papier, & avoir chacun ſon bilboquet à part ; on les lie enſuite d'un fil ſimple.

Quand vous voulez qu'il entre du crêpé dans votre ouvrage, vous prenez deux bilboquets 2, 2, 2, voiſins dans une portion de cheveux longs, vous les cordez & vous les liez enſemble.

Nota. On roule toujours en entier le cheveu, quelque long qu'il ſoit, ſur les bilboquets pour Femme.

Vous enfilerez chaque portion ſortant de l'étau avec ſes bilboquets dans une ficelle, juſqu'à ce qu'il y en ait une longueur qu'on nomme une *Suite*.

Lorſque vous aurez nombre de ſuites étagées, vous les mettrez dans une chaudiere avec ſuffiſamment d'eau de pluie ou de riviere, (l'eau de puits ne vaut rien), & vous les ferez bouillir pendant trois heures à gros bouillons, après quoi vous les retirerez pour les faire ſécher doucement dans l'étuve : ſi vous avez du crin, vous l'ôterez de la chaudiere quand il aura bouilli une heure & demie.

L'Etuve *PP* eſt communément ce que les Dames nomment un *Tambour*, dont elles ſe ſervent pour chauffer leurs chemiſes & leurs autres hardes, lorſqu'elles s'habillent. C'eſt un ouvrage de Boiſſelier. Il a environ deux pieds huit pouces de haut ; il eſt traverſé en dedans à huit pouces près du haut par un treillage de fil de fer ; on le ferme avec un couvercle. Comme il s'agit de ſécher les cheveux en ſortant de la chaudiere, on met à terre une poële remplie de pouſſiere de charbon allumé, on poſe l'étuve par-deſſus; puis on verſe tout ce qui a bouilli, ſur le treillage on étend doucement tous les bilboquets; on couvre l'étuve de ſon couvercle, que l'on bouche bien tout autour; on laiſſe ſécher doucement, retournant de temps en temps pour que tout ſéche également : les cheveux ſont à leur point de ſéchereſſe, quand le bilboquet tourne dans ſa boucle; alors on les tire de l'étuve pour les placer & arranger ſur des feuilles de papier gris, ou ſur un torchon, en faiſant pluſieurs lits les uns ſur les autres; on donne ordinairement au total la forme d'un pâté.

Liez le tout avec de la ficelle, & vous le livrerez au Pain-d'épicier ou à un Boulenger, qui l'ayant reçû l'entoure d'une pâte de ſégle, & le mettant au four le fait cuire avec modération.

Ce pâté ainſi cuit, vous étant renvoyé tout chaud, vous le caſſerez pour en ôter toutes vos ſuites, que vous reporterez pour peu de temps à l'étuve, ſimplement pour faire évaporer une petite humidité que la cuiſſon a occaſionnée.

Nota, que quelques-uns mettent le crin dans le pâté, d'autres non; la choſe eſt aſſez indifférente.

Le tout étant bien refroidi, *décordez*, c'eſt-à-dire, déficelez & ôtez tous les bilboquets. Les ſuites ayant été décordées, vous vous mettrez à *dégager*, ce qui ſignifie, mettre enſemble deux ou trois des gros paquets que vous venez de décorder, obſervant qu'ils ſoient de même longueur : vous enfoncerez cet aſſemblage par la pointe dans une carde, vous en ferez entrer une autre renverſée Q dans celle-ci, pour aſſujettir les cheveux entre deux, puis vous les tirerez par la tête avec le pouce & les ciſeaux, de la façon qui eſt expliquée au commencement de cet Article, les ſéparant à meſure en pluſieurs petits paquets qu'on nomme des *Méches*. Vous lierez chaque méche d'un fil ſimple, & à meſure que vous les ferez, vous les poſerez en croix l'une ſur l'autre, afin que les longueurs ſe ſuivent. Vous en ferez de nouvelles ſuites, que vous ſerrerez dans des boëtes, en un lieu ni humide, ni trop ſec, en attendant que vous en faſſiez uſage dans la préparation de la Perruque.

ARTICLE SECOND.

Préparer la Perruque.

PLANCHE III.

POUR préparer la Perruque vous prendrez pluſieurs méches de même longueur, commençant par les plus longues; vous les joindrez & lierez enſemble, ce qui formera un paquet; vous en ferez ainſi tant qu'il vous en faudra de différentes longueurs, en meſurant chaque méche ſur une régle de bois, avant de les aſſembler en paquets.

La *Régle de bois* eſt une tringle platte, diviſée, comme il ſuit : d'un de ſes bouts juſqu'à la premiere diviſion il y a deux pouces marqués par un trait, ainſi que toutes les ſuivantes : cette premiere diviſion eſt chiffrée 2; les intervalles

valles entre la seconde, troisieme, quatrieme & cinquieme, ont chacun 8 lignes; la sixieme & septieme, 9 lignes; la huitieme, 10 lignes; toutes les autres ont chacune un pouce; il est rare qu'on étende les divisions au-delà de 19 pouces : on peut cependant en marquer davantage, en tenant la régle plus longue, si on avoit à mesurer de très-longs cheveux.

Mettez donc la régle devant vous, puis prenant une méche, étendez-la dessus depuis le bout jusqu'à quelque division que ce soit; l'ayant remarquée, vous rognerez quarrément d'un coup de ciseau le bout de la tête de la méche : quand vous aurez par ce moyen trois ou quatre méches de même longueur, en un mot, autant que vous voudrez en joindre pour faire un paquet plus ou moins gros, vous leur ôterez leur ligature; vous les mêlerez ensemble, & tout de suite vous les mettrez dans la carde couverte d'une autre carde, d'où vous les tirerez par la tête pour égaliser les cheveux; cela fera un *paquet B*; il ne s'agit plus que de le lier & de marquer sa longueur : pour cet effet prenez une petite bande de papier blanc *b*, dont vous commencerez par engager un bout dans le milieu de l'épaisseur du paquet vers la tête du cheveu, que vous entourerez ensuite du reste de la bande; vous la lierez au milieu d'un fil simple; vous finirez votre opération par écrire sur ce papier le chiffre de la division sur laquelle le cheveu des méches que vous venez d'employer a resté; si, par exemple, elles ont fini au chiffre ou division cottée 8, vous écrirez 8; si c'est à 7, vous écrirez 7, &c.

Ayant donc formé ou étiqueté tous vos paquets, vous connoissez leurs longueurs réciproques : il s'ensuit alors deux autres opérations; l'une est de mêler le crin dans chacun de ceux où il convient qu'il y en ait; l'autre, de faire les nuances quand il en est besoin, ce qui est nécessaire lorsque la couleur du cheveu qu'on emploie, est trop claire ou trop brune : ces mélanges s'exécutent de différentes manieres; l'une est de prendre dans un paquet de crin la quantité proportionnelle que vous en voulez mêler, de défaire le paquet de cheveux pour lui accoler le crin qui doit être de même longueur, & de mêler l'un avec l'autre par un mouvement réitéré des deux mains, qui fait approcher l'un de l'autre les ongles des deux pouces; par ce moyen le crin se mêlera, & se distribuera assez bien; vous referez ensuite le paquet comme il étoit : on peut faire la même chose pour mêler les cheveux blancs; cependant ils ne se distribueront pas si également que par la façon suivante. Mettez dans la même carde deux paquets de même longueur, chacun à part, l'un de cheveux de couleur, l'autre de blancs, & tirant successivement de l'un & de l'autre par la tête, vous en formerez dans vos doigts un seul paquet, dont la nuance sera bien mieux confondue & mélangée.

Une troisieme façon, & la meilleure pour le crin, s'exécute dans le temps que l'on tresse; alors ayant mis le paquet de crin dans une carde près du métier à tresser, on en tire à chaque passe la quantité qu'on veut ajouter au cheveu, & on tresse les deux ensemble : on entendra mieux ceci en lisant l'Article des Tresses ci-après.

Nota, que lorsque la qualité du cheveu qu'on emploie est parfaite, le crin y est inutile ; qu'on en doit mettre peu, par exemple, un douzieme quand le cheveu a de la consistance, & davantage à mesure qu'il est moins fort.

D'autre part vous prendrez un quarré de papier blanc CCC, & l'idée remplie de tout l'arrangement de votre perruque, vous la porterez, pour ainsi dire, sur ce papier, en commençant par tirer nombre de grandes lignes horisontales paralleles à volonté, & assez éloignées l'une de l'autre, pour pouvoir écrire dans leurs intervalles quelques chiffres, & des tirets ; les grandes lignes marqueront la quantité de rangs que la perruque aura & leurs longueurs, les petits tirets & les chiffres indiqueront les différents étages qui se succéderont dans chaque rang : enfin, vous couperez le papier aux deux bouts, traversant les grandes lignes en différents biais & oches, qui borneront la longueur de chaque rang de tresses ; ce papier alors a nom *les Mesures de la Perruque* : tout ceci mérite un plus grand détail. On vient de dire que tous les paquets mesurés sur la régle de bois, doivent être cottés conformément aux chiffres de ladite régle ; donc il y en aura de marqués 2, d'autres 5, d'autres, &c. ; vous sçavez d'ailleurs combien de rangs ou tresses de cheveux doivent composer votre perruque ; vous tirez en conséquence, comme on vient de dire, autant de grandes lignes sur le papier : or, si vous voulez qu'un ou plusieurs rangs soient faits d'un bout à l'autre avec les cheveux du paquet, par exemple, cotté 2, vous écrivez 2, n'importe à quel endroit, sur le papier au-dessous de la ligne que vous voulez suivre tout du long avec les cheveux du paquet 2 ; mais quand il s'agit de changer la longueur des cheveux de distance en distance, & par conséquent les paquets dans toute la longueur d'un rang quelconque, vous divisez la ligne qui indique ce rang par un petit trait de plume, ou par un point à l'endroit où vous voulez qu'un paquet finisse, & qu'un autre commence, & vous marquez le numéro du paquet ; par exemple, je veux que le cinquieme rang en descendant commence par 2, & aille jusqu'à une certaine distance, je fais à cette distance contre ma grande ligne une petite ligne d'à-plomb, à côté de laquelle j'écris 2 ; les cheveux seront tressés & arrangés en conséquence jusqu'à cette petite ligne ; de-là je veux continuer avec les cheveux du paquet 3, qui sont plus longs que les précédents ; je vais marquer mon tiret & le chiffre 3 à côté ; alors s'il me convient que les cheveux 2 recommencent, je récris 2 au-delà du tiret, & un paquet 2 est repris, &c. C'est ainsi que tous les chiffres des paquets répondent à tous ceux qui sont écrits sur les mesures, & doivent être tressés en conséquence.

On oublioit de dire que lorsque le Perruquier prévoit qu'il aura besoin de *faux rangs*, c'eſt-à-dire, de rangs qui ne ſuivent pas toute la longueur, il marque par une petite croix ſur le rang même, à l'inſtar duquel le faux rang doit être fait, l'endroit où il doit ſe terminer : les faux rangs ſervent à remplir de certains vuides qu'on ne ſçauroit s'empêcher de laiſſer dans quelques endroits de la tête, à cauſe que les renflements qui s'y rencontrent, font écarter les vrais rangs l'un de l'autre.

Les meſures, dont on vient de parler, ſont celles du corps de la perruque ; on fait encore pour chaque perruque la meſure des tournants, c'eſt-à-dire, des treſſes qui accompagnent le viſage, au nombre de deux de chaque côté : celle-ci n'eſt qu'une bande de papier *D*, de la largeur d'une régle ordinaire, ſur laquelle ſans tirer de grandes lignes, on ne marque que des diviſions & des chiffres des paquets dont on veut ſe ſervir.

La *Planche III.* fait voir les meſures de la perruque nouée ou quarrée *CCC*, qui ſont les mêmes : on l'a choiſie parmi les autres, comme étant la plus compliquée, & parce qu'il lui faut un ſecond papier diviſé *EE*, qui indique le deſſus de boucle ; cette partie de rangs ne s'ajoutant qu'à cette eſpece de perruque. PLANCHE III.

ARTICLE TROISIEME.

Les Treſſes & leur travail.

TOUTES les manœuvres & préparations de cheveux qui ont été détaillées juſqu'à préſent, n'ont pour objet que celui de les mener par degrés au point de perfection où on peut les conduire avant d'être aſſemblés par les treſſes, pour enſuite les arranger ſur la coëffe, (eſpece de calotte légere) & compoſer un tout enſemble qui étant poſé ſur la tête, faſſe l'effet, ou à peu-près d'une chevelure naturelle friſée : cette manufacture eſt principalement dévolue à certaines Femmes, qui n'ont d'autre emploi dans l'Art que celui de treſſer les cheveux, & que par cette raiſon on nomme des *Treſſeuſes* : les Perruquiers treſſent auſſi, mais ils ne ſe mêlent ordinairement que des treſſes de certaine conſiſtance ; les Femmes ſeules ſont en poſſeſſion, à cauſe de la fineſſe & de la légéreté de leurs mains, d'exécuter les treſſes courtes & fines.

Aucun cheveu ne ſçauroit ſervir à la perruque qu'il n'ait été treſſé. *Treſſer* eſt arranger côte à côte, & l'une après l'autre, des pincées de cheveux qu'on nomme des *paſſées*, parce qu'on les engage au moyen d'une eſpece d'entrelaſſement dans pluſieurs ſoies tendues ſur un inſtrument qu'on appelle un *Métier*, dont il eſt néceſſaire de faire la deſcription avant d'expliquer comment cette manœuvre s'y exécute.

Le Métier à treſſer *AA* conſiſte en une planche épaiſſe d'environ deux bons pouces, large de trois à quatre pouces, longue de deux pieds, percée ſur ſon plat vers les deux bouts d'un trou de tarriere, dans chacun deſquels on enfonce un bâton *GG*, arrondi au tour, d'environ un pied & demi de haut, & d'un pouce de diametre ; le bâton de la gauche se fait souvent de la moitié plus court que le droit : ces deux bâtons sont mobiles, c'est-à-dire, qu'on peut les ôter de leurs trous quand on veut, ils sont l'essentiel du Métier ; c'est pourquoi on retranche quelquefois la planche dont on vient de parler, quand on peut les adapter à une table, en y faisant tenir par des vis deux quarrés de bois saillants, troués & à la même distance.

Pour tendre le Métier, c'est-à-dire, le mettre en état de recevoir les *passées*, on commence par tailler 6 petits quarrés longs de papier *gggggg*, ou bien on coupe trois cartes à jouer en deux suivant leur longueur, ce qui revient au même : on ôte le bâton droit de son trou, on l'enveloppe vers son bout supérieur d'une des bandes de papier, ou d'une demi-carte, on l'entoure à son milieu de plusieurs tours de soie de Grenade ; on recommence la même chose à trois pouces au-dessous ; on espace de cette façon six soies ; on remet le bâton en sa place ; on rassemble les bouts des six soies *hhhiii*, qu'on va attacher ensemble à un petit crochet plat au milieu du bâton gauche ; on tourne à la main les deux bâtons dans leurs trous, jusqu'à ce que toutes les soies soient bien tendues ; alors le Métier est prêt.

La soie de Grenade dont on se sert, est la meilleure qu'on peut trouver, elle a trois brins ; on préfere la violette qu'on croit la moins cassante.

C'est tout le long des soies que l'on vient de tendre, que s'entrelassent les cheveux côte à côte, par une maniere qui les empêche de jamais s'en échapper : on les range *passée* par *passée* ; les passées ne se prennent jamais dans plus de trois soies ; il s'en fait quelquefois sur deux soies ; les trois autres soies du Métier servent à leur tour, comme on verra par la suite.

Il se fait de plusieurs especes de passées ; on va les décrire.

L'M redoublée, le double tour A a.

Ayant pris une pincée de cheveux de la main droite, vous en ferez couler la tête de droit à gauche, à l'aide des deux mains.

1°. Derriere la soie d'en-bas, devant [1] la soie du milieu & d'en-haut.

2°. Derriere la soie d'en-haut, devant la soie du milieu & d'en-bas.

3°. Derriere la soie d'en-bas & du milieu, devant la soie d'en-haut.

4°. Derriere la soie d'en-haut, devant la soie du milieu & d'en-bas.

5°. Derriere la soie d'en-bas & du milieu, devant la soie d'en haut.

6°. Derriere la soie d'en-haut, devant la soie du milieu, derriere la soie d'en-bas.

Cette passée forme une *M* qui auroit six jambages ; elle se fait pour tous les corps de rang d'une perruque.

(1) *Devant* signifie de votre côté.

L. M. Simple

L'M simple, le simple tour B b.

Cette paſſée finit au jambage cotté 4°. de la précédente ; il ſe termine comme le 6°. ; mais on fait deux tours autour de la ſoie d'en-haut.

L'*N.* C c.

A cette paſſée, au lieu de rabattre le 3°. derriere la ſoie d'en-haut, on laiſſe la tête en-haut.

Cette paſſée ne ſert qu'au premier rang de la groſſe boucle des perruques nouées & quarrées, comme auſſi aux deux groſſes boucles de la Brigadiere, de peur que les têtes des paſſées ne piquent le col ſi elles étoient rabattues.

L'M simple ſur deux ſoies D d.

Cette paſſée qui eſt l'*M ſimple*, à laquelle on ne prend que deux ſoies, ne ſe fait que pour les tours de tonſure.

La premiere & la derniere paſſée d'arrêt E e *&* F f.

On commence toutes les treſſes par la premiere paſſée d'arrêt, parce qu'elle empêche toutes les autres de gliſſer ſur les ſoies au-delà de leurs places ; elle ſe fait en *M* comme les autres, excepté que le 2°. paſſe derriere la ſoie du milieu.

On finit tous les rangs par la derniere paſſée d'arrêt, ſoit que l'on veuille laiſſer un intervalle entre la fin d'un rang & le commencement d'un autre, ſoit pour terminer tout-à-fait ; elle ſe fait en *M*, excepté que le 6°. après avoir paſſé derriere la ſoie d'en-bas, eſt ramené par-devant, & enſuite par-derriere.

Le Serre-bien G g.

Il ſe fait encore une eſpece d'arrêt qui ne ſert que lorſque l'on treſſe la groſſe boucle & les nœuds de la perruque nouée : cet arrêt que l'on peut appeller *le Serre-bien*, ſerre chaque paſſe & l'empêche de bourſouffler. Pour cet effet, on prend un fil *h h*, ſuffiſamment long, on l'engage dans la premiere paſſée d'arrêt, & on le laiſſe pendre ; quand la ſeconde paſſée eſt faite, on reprend ce fil, qu'on fait paſſer du derriere en-devant de la ſoie en-haut, puis derriere la ſoie du milieu, & en-devant entre ladite ſoie du milieu & celle d'en bas, & on le ſerre contre cette ſeconde paſſée ; on continue la même choſe à toutes les autres.

Quelquefois dans le temps que l'on eſt à treſſer, une des ſoies tendues ſur le métier ſe rompt ; cet accident arrive plus ſouvent auprès de la méche qu'on vient de lacer, qu'à tout autre endroit ; il eſt eſſentiel de ſavoir en rejoindre les deux bouts, ſans quoi on ſeroit fort embarraſſé pour continuer. C'eſt pourquoi il a fallu imaginer une eſpece de nœud très-ſolide, lequel ſaiſit le plus petit bout qui peut avoir priſe ſans faire quaſi d'épaiſſeur, & ne le lâche jamais : le voici. Suppoſons que ce ſoit la ſoie la plus élevée des trois qui ſe ſoit caſſée vers la treſſe, faites vers le bout du grand bout ſéparé *o*, un nœud ſimple *r*, ne le ſerrez pas ; faites-en rentrer le bout *o* 2, dans l'anneau qu'il forme, & lui faites faire un ventre *p*, que je nommerai le *ſecond Anneau*, dans lequel vous ferez entrer le petit bout *q*, de la ſoie caſſée; tirez à droit l'extrémité *o* 2, du grand bout, les deux anneaux qu'il forme ſe ſerreront; & quand vous verrez qu'ils ſeront prêts à ſe fermer, & que la petite ſoie ſera bien engagée, tirez tout de ſuite ledit bout *o* 2, à contre-ſens, c'eſt-à-dire, de droit à gauche; & quand vous entendrez un petit *clac*, le nœud eſt fait.

Maintenant que vous voilà inſtruit du Métier, de la façon de le tendre, de le raccommoder, & de toutes les eſpeces de paſſées qui s'y exécutent, aſſeyez-vous vis-à-vis; attachez à votre portée une carde par deux vis ſur la table, ayez un peigne & les meſures en papier qui vous ſeront échues en partage, ſi vous êtes pluſieurs; car les Treſſeuſes & Treſſeurs travaillant enſemble ſe les diſtribuent par parties, en coupant le papier le long de la ligne d'un rang quelconque: prenez les paquets de cheveux cottés comme ils le ſont ſur le papier des meſures; commencez le travail par engager par la pointe friſée celui dont vous allez vous ſervir, enfoncez votre peigne par-deſſus, tirez avec le bout des doigts de la main droite par la tête, très-peu de cheveux pour les paſſées courtes & fines, & davantage à proportion pour les autres, ce qui ne peut gueres ſe compter, mais on le ſent dans ſes doigts pour peu qu'on ait d'habitude. Vous ferez d'abord la premiere paſſée d'arrêt, puis toutes les autres, que vous rangerez en les preſſant à meſure l'une contre l'autre du côté du petit bâton, qui eſt toujours à gauche; continuez juſqu'à ce que vous trouviez ſur la meſure une petite ligne, ou diviſion, accompagnée d'un chiffre différent de celui ſur lequel vous avez commencé. Par exemple, il eſt écrit ſur la meſure le chiffre 2, vous avez tiré vos paſſées du paquet cotté 2, vous devez d'abord vous aſſûrer ſi vous avez rempli la longueur indiquée juſqu'au petit tiret de diviſion; pour cet effet, vous rapporterez le papier le long de votre treſſe, pour voir ſi ſa longueur eſt égale à celle de ſa ligne juſqu'à ſa diviſion 2; ſi elle ne l'eſt pas, vous la completterez de cette diviſion, la ligne continuant toujours. Si au bout d'un eſpace vous trouvez un autre tiret, ou diviſion, accompagné d'un autre chiffre, par exemple, 3, vous prendrez le paquet 3, que vous treſſerez juſqu'à cette ſeconde diviſion, & ainſi du reſte. Votre premiere ligne exécutée, vous paſſerez à celle de deſſous, & pour votre commodité vous la plierez en arriere, de façon que le pli du papier raſe cette autre ligne, ſur les meſures de laquelle vous opérerez comme à la premiere, &c.

Exécutez ainſi toutes vos meſures ſur les trois mêmes ſoies, obſervant ſeulement de laiſſer un petit intervalle entre un rang chiffré & un autre, & lorſque vous vous trouverez près du grand bâton, où les ſoies ſont trop écartées pour pouvoir ſerrer les paſſées, vous tournerez les bâtons ſur leur axe de droit à gauche, tous deux en même temps; par ce moyen les treſſes faites ſe dévideront autour du bâton gauche, & le bâton droit vous fournira de nouveau des ſoies pour continuer.

Les meſures en papier ne déſignent que les rangs d'un des côtés de la Perruque, ordinairement le côté droit; ainſi obſervez en treſſant que la friſure de toutes vos paſſées ſoit relevée de votre côté ; il s'agit maintenant du côté gauche; vous l'exécutez en entier ſur les trois autres ſoies ſans changer de ſituation, obſervant ſeulement que la friſure des paſſées ſoit à l'envers de l'autre, c'eſt-à-dire, qu'elle ſoit relevée du côté du Métier : ſi vous faites faire à la fin la culbute aux treſſes, vous verrez que la friſure ſe trouvera dans le ſens où elle doit être, c'eſt-à-dire, relevée à gauche.

Les treſſes dont on vient de parler, ſont étagées; car chaque chiffre indique, ſuivant ſa valeur, des cheveux plus longs ou plus courts; il s'en fait encore en longueurs indéterminées ſur un ſeul numéro; celles-ci ſe nomment des *Treſſes à l'aune*, parce qu'on en fait tant d'aunes que l'on veut, dont le Perruquier coupe ce qu'il lui en faut, à meſure qu'il en a beſoin. Les treſſes à l'aune courtes & fines ſe font ſur les bas numéros; celles-ci ſervent pour les devants des Perruques : on treſſe auſſi à l'aune les cheveux plats & longs pour les plaques des Perruques d'Abbés, des Bonnets, le toupet des Perruques nouées, les nœuds, les groſſes boucles de crin & le liſſe des Perruques en bourſe : toutes ces piéces n'ont pas beſoin d'être faites avec du bon cheveu, ce ſont des cheveux de toute eſpece, pourvû qu'ils aient la longueur & la couleur qu'il faut; on les prépare comme les autres cheveux, mais on les roule ſans aucune précaution, comme ils ſe trouvent, tête ou pointe, ſur de gros bilboquets, pour avoir une friſure lâche à la pointe; on en fait les nuances avec du cheveu herbé; on effile auſſi leurs paquets avant de les treſſer, ce qui ſe fait en prenant le paquet *y*, à ſa ligature avec la main gauche, & faiſant ſortir avec l'autre main, hors de l'épaiſſeur de la tête, de petites maſſes de cheveux de hauteurs inégales, puis on coupe cette tête quarrément au-deſſus de la ligature; on délie enſuite le paquet qu'on mêle bien ſur lui-même avec les deux pouces, de la façon expliquée ci-devant à l'Article ſecond : quand le tout eſt bien confondu, on remet la ligature *z*, vers la tête, qu'on tient bien égale; c'eſt ainſi qu'on fait des paquets de cheveux plats de différentes longueurs & un peu friſés.

Nota, que la plaque des Perruques naturelles n'eſt pas dans le cas des précédentes; celle-ci doit être compoſée de bons cheveux, finiſſant par des boucles & nuancées avec du vrai cheveu blanc, en un mot, d'un cheveu égal au reſte de la Perruque.

Article Quatrieme.

Monter la Perruque.

Monter une Perruque, c'eſt proprement conſtruire l'eſpece de calote mince & légere, ſur laquelle on attache & on arrange toutes les treſſes ſuivant l'Art, pour que le tout enſemble devienne une perruque parfaite.

Vous avez donc commencé, après l'achat des cheveux, par les dégraiſſer au moyen de pluſieurs opérations, enſuite leur donner la friſure, & ſéparer par paquets leurs différentes longueurs qui ont été treſſées, en ſuivant les meſures indiquées ſur du papier, leſquelles treſſes miſes en place, doivent former telle ou telle perruque : il s'agit préſentement des procédés qui doivent la conduire à ſa perfection.

Planche IV. Vous avez dû immédiatement après avoir pris la meſure de la tête que vous devez coëffer, en avoir commandé au Sculpteur une de bois, ſur les mêmes proportions : on les fait ordinairement d'orme ou de frêne. Prenez cette tête, *fig. A*, ſur vos genoux, ayant préalablement mis à votre portée du Ruban à monter, *BB*, *fig. B*, il s'en emploie de deux ſortes ; l'un de pure ſoie ; l'autre, fil & ſoie ; ils ont un pouce de large ; vous aurez auſſi du Ruban à couvrir CC ; celui-ci a trois pouces & demi de large, il eſt toujours de fil & ſoie ; des Pointes d'Epinglier, un petit Marteau, des Ciſeaux, du Fil en trois ; ce fil eſt de lin de couleur griſe, en trois brins, il vient de Flandre, c'eſt le ſeul que le Perruquier emploie pour coudre ; du Bougran, de l'eau de Gomme Arabique, & toutes vos Treſſes.

Le milieu de la tête de bois eſt toujours marqué par le Sculpteur d'un trait, *fig.* F, D, qui prend du milieu du front juſqu'à la nuque du col ; prenez le ruban à monter que vous porterez au front, ſur la ligne dont on vient de parler, en *d*, *fig. B*, où vous l'arrêterez avec une pointe plus haut, ou plus bas, ſuivant que vous aurez à avancer plus ou moins une pointe en cheveux ; puis partant de ce milieu vous conduirez votre ruban à droit & à gauche juſqu'à l'endroit des tempes ; vous égaliſerez les deux côtés au compas, & vous les arrêterez de même avec des pointes ; vous retournerez le ruban ſur lui-même pour le deſcendre le long des joues ; l'angle *e*, que forme le ruban dans ce retour, ſe nomme l'*échancrure* ; tous les plis & les retours qu'on fait faire à ce ruban, ſe fixent avec des pointes, auxquelles on donne deux ou trois coups de marteau ſeulement, attendu qu'on les ôte par la ſuite.

Il ſe conſtruit de trois ſortes de montures, qu'on peut appliquer à quelque perruque que ce ſoit, pour ſuivre en cela l'idée de ceux pour qui elles ſe font : les unes ſe nomment *Montures pleines* ; les autres, *Montures à oreilles* ; les troiſiemes, *à demi-oreilles*. La monture pleine eſt celle qui doit paſſer juſ-

qu'au

qu'au bas de l'oreille, & la couvrir entiérement : la monture à oreilles laiſſe toute l'oreille à découvert, & celle à demi-oreille n'en couvre que la moitié ſupérieure.

Cela étant, ſi votre Perruque doit être à monture pleine, vous ferez deſcendre le ruban à monter le long de la joue, juſqu'au-deſſous de la marque de l'oreille, *fig. B*, où vous le tournerez en le pliſſant, & le conduirez juſqu'au milieu du bas de la tête *h*, par-derriere de chaque côté; mais ſi c'eſt une monture à oreilles, vous le détournerez plutôt, c'eſt-à-dire, au-deſſus du lieu de l'oreille, *fig. A*, & enſuite un peu en remontant, puis par un autre retour, vous le deſcendrez en arriere, où vous le couperez vis-à-vis du niveau du bas de l'oreille en C. A l'égard de la demi-oreille, après le retour à la moitié de l'oreille, vous ferez la même choſe. Ces deux montures ſe font cependant quelquefois comme les montures pleines, c'eſt-à-dire, conduiſant le ruban à monter juſqu'à la nuque du col.

Nota, que comme le ruban à monter eſt la baſe de tous les contours & retours de la partie de la Perruque qui accompagne le viſage, s'il faut, quand il eſt pointé, l'éloigner un peu, l'avancer, ou lui donner de la courbure en quelque endroit de la face, on le pouſſe avec le doigt pour le ranger; mais comme on auroit de la peine à le faire couler ſur la tête de bois dont le grain eſt rude, le Perruquier coupe une carte en triangle, & la fourant par ſa pointe ſous le ruban, il vient aiſément à bout de le mouvoir ſur cette carte, où il peut couler aiſément.

Il s'agit maintenant de fixer ſolidement ce ruban en ſa place, & de le bien tendre d'un bout à l'autre : pour cet effet, prenez une aiguillée de fil en trois; vous percerez le ruban vers le bord, & vous porterez votre fil à de petits crochets, *fig. A* & C, faits avec des pointes ſans tête, que vous aurez précédemment enfoncées de diſtance en diſtance, coudées & applaties en les enfonçant dans le bois, en-devant, au front, le long des joues, & en arriere ſur le haut de la tête, aux côtés & derriere *fig.* E. Tous ces fils, *e*, *e*, *e*, *fig.* C, qui prennent d'une part le ruban, & qui de l'autre paſſent dans ces crochets, le contretirent, & le tendent de toutes parts, *fig. A*; à meſure que vous placez vos fils, vous ôtez les premieres pointes *d*, *d*, *fig. B*, avec leſquelles vous l'avez d'abord arrêté à la tête.

Cette opération achevée, coëffez la tête de ſon rézeau D, *fig. B*. Le rézeau eſt une eſpece de filet très-fin, maillé en rond, qui prend facilement la forme de la tête : il s'en fait de fil & de ſoie. *Les bons nous viennent de Lorraine vers Nancy, & de Normandie du côté du Mont S. Michel.* Vous le couſerez au ruban, après quoi vous couperez comme ſuperflu tout ce qui dépaſſe la couture.

Prenez enſuite le ruban à couvrir CC, poſez-le ſur le ſommet de la tête, où vous le couſerez ſur ſon large au ruban à monter au front en *g*, *fig. B*,

& le faiſant deſcendre par le milieu de la tête aux montures pleines juſqu'au bas du derriere, où on retrouve le même ruban à monter, couſez-le en chemin faiſant au rézeau, & enfin audit ruban en *h*; mais aux montures à oreilles vous le couperez vers le milieu du derriere de la tête, *fig.* E; poſez un autre bout du même ruban, *fig. B*, qui paſſant en croix ſur le précédent au ſommet de la tête, deſcende juſqu'au retour du ruban à monter aux oreilles, & le couſez de même : ces deux rubans qui ſe croiſent, cachent une grande partie du rézeau, ſur-tout en-devant.

Il arrive aux montures quand la Perruque a été portée quelque temps, qu'elles ſe reſſerrent & s'éloignent du viſage, à moins qu'elles n'ayent été d'abord fort profondes, ce qui eſt un autre inconvénient, parce qu'étant neuves elles le couvrent trop; ce qui a fait chercher comment on pourroit s'oppoſer à ce rétréciſſement; le moyen ſuivant réuſſit très-bien. Mettez dans l'eau la tête toute montée, & l'y laiſſez quelque temps; retirez-la, laiſſez ſécher; la monture ſera devenue lâche, de façon qu'on eſt obligé de la retendre; mais auſſi elle ne ſe retire plus, ou du moins très-peu.

Aux montures à oreilles & à demi-oreilles, qui ſont moins fermes ſur la tête que les montures pleines, on ajoute au ruban à monter, à l'endroit où il a été coupé de chaque côté, une demi-jarretiere EE, *fig. A*, pour ſerrer la Perruque par-derriere; ſouvent auſſi on ajoute trois morceaux de bougran, l'un ſur le deſſus de la tête *f*, les deux autres depuis l'échancrure juſqu'au-deſſus de l'oreille *g*; le bougran ſert à affermir ces parties & à les faire coller contre le viſage; mais ce n'eſt pas une régle générale, le Perruquier s'en ſert ſuivant qu'il le juge à propos. On trouvera ceci détaillé dans l'Article ci-après, qui a pour titre, *Quelques Circonſtances.*

ARTICLE CINQUIEME.

Coudre la Perruque.

LA monture, autrement la coëffe qui doit s'appliquer immédiatement ſur la tête, étant achevée, il faut la garnir & la couvrir entiérement de cheveux. C'eſt donc maintenant qu'on doit y coudre les treſſes, & les arranger ſuivant leur deſtination; elles portent alors le nom des endroits où on les place.

PLANCHE IV. *Le bord de front* a, *fig.* D, eſt deux rangs de treſſes fines & courtes, qui doivent être couſues au bord du front juſqu'aux échancrures.

Les tournants bb, ſont deux rangs de treſſes plus longues, qui ſe couſent l'un derriere l'autre le long des joues juſqu'à l'oreille; ceux-ci ſe nomment particuliérement *les petits tournants.*

Les grands tournants ccc, ou ſimplement *tournants*, prennent au-deſſous des précédents, & vont jusque derriere la tête, ils sont plus garnis; car plus les tresses s'allongent, plus elles sont épaisses.

Toutes les Perruques ont les trois parties de tresses, dont on vient de parler; toutes les autres parties, dont on va faire le détail, s'y joignent, ou s'obmettent, suivant les especes de Perruques; car la *coque* qui se met également aux Perruques nouées & à toutes les Perruques à oreilles, se met rarement aux Perruques d'Abbé : *l'étoile* se met le plus souvent aux Perruques quarrées, & toujours aux Perruques d'Abbé : *les corps de rangs* se mettent à toutes Perruques, excepté aux Perruques d'Abbé, lesquels n'ont que des tournants & le tour de tonsure : *la plaque* se met aux Bonnets, aux Perruques d'Abbé & aux Perruques naturelles : *le lisse*, aux Perruques en bourses : les seules Perruques nouées & quarrées ont *le toupet*, *le dessus de boucle* & *la grosse boucle* : les Nouées ont deux nœuds, & les Quarrées deux quarrures.

Toutes ces parties doivent être expliquées plus au long, c'est ce que l'on va faire.

On a déja parlé du bord de front, des petits & grands tournants, on ajoutera seulement ici que ces trois parties cousues font tout le tour de la Perruque.

La coque *aa*, *fig. B* & *H*, est composée de quelques rangs de tresses courtes qui s'élevent sur la pointe du front, & dont la frisure se replie en arriere. PLANCHE II.

L'étoile *bb*, *fig.* C & *D*, est composée des plus petites especes de tresses dont on tourne en cousant la frisure, de façon qu'au milieu du front la droite & la gauche se regardent & se courbent vis-à-vis l'une de l'autre; ce qui forme le dessein d'un cœur.

Le dessus de tête *dd*, *fig. D*, est formé par plusieurs tresses courtes & claires, qui occupent le milieu du sommet de la tête, immédiatement derriere l'une ou l'autre des deux parties précédentes. PLANCHE IV.

Les corps de rangs, sont nombre de tresses étagées qui garnissent la Perruque jusqu'au bas & par derriere; on les distingue en *petits & grands corps de rangs*, ou *corps de rangs croisés*.

Les corps de rangs croisés *ee*, occupent tout le bas de la Perruque, & se croisent un peu l'un l'autre vers la nuque : les petits *f*, prennent au-dessus & montent en pyramide jusqu'au niveau de l'échancrure & du devant de tête.

La plaque est composée de nombre de rangs de cheveux plats effilés qui garnissent le derriere de la tête aux Bonnets, aux Perruques d'Abbé & aux Perruques naturelles, *ooo*, *fig. ADE*. PLANCHE II.

Le toupet, le dessus de boucle, la grosse boucle, les nœuds & les quarrures sont des parties particulieres aux Perruques nouées & quarrées.

Le toupet est composé de tresses à l'aune en cheveux plats, effilés, foibles, assez courts & tressés sans crin, *pp*, *fig.* C & *F*.

Le deſſus de boucle eſt formé par pluſieurs rangs de cheveux friſés, & placés depuis le toupet juſqu'à la groſſe boucle *q q*, *mêmes figures*; ces deux parties occupent l'eſpace qui aux autres eſpeces de Perruques eſt rempli par la plaque ou par le liſſe.

La groſſe boucle *r r r r*, *mêmes figures*, occupe le milieu du derriere deſdites Perruques, & tombe ſur la nuque du col, elle eſt tout crin; les nœuds *s s s s*, *fig.* C, au nombre de deux, ſont compoſés de groſſes treſſes de cheveux longs effilés, que l'on noue d'un ſimple nœud; ils ſe placent des deux côtés de la groſſe boucle: les quarrures *t t t t*, *fig. F*, occupent aux Perruques quarrées la place des nœuds; elles ſont formées par les corps de rangs d'en-bas, en cheveux friſés & étagés.

Le tour de tonſure *u u*, *fig. D*, eſt une treſſe fine à deux ſoies, avec laquelle on entoure les tonſures ou couronnes des Perruques d'Abbé.

Le liſſe: on appelle ainſi les cheveux longs & plats des Perruques en bourſe *m m*, *fig. B*, & en cadenettes *n n*, *fig. H*.

L'ordre des Coutures.

Tous les rangs de treſſes ſe couſent à la coëffe d'un ſimple point devant, du bas en-haut, & du derriere au-devant; c'eſt-à-dire, qu'on commence à coudre le plus bas rang, puis celui d'au-deſſus, &c. excepté cependant les tournants qu'on coud de haut en-bas; les treſſes courtes & fines ſe couſent près-à-près; mais toutes les autres s'eſpacent parallélement à la diſtance de trois lignes, ou environ, l'une de l'autre.

Par l'*ordre des coutures* on entend ici celles qui ſe font les premieres & ſucceſſivement juſqu'à la fin de chaque Perruque.

A la Perruque nouée & quarrée,

1°. Les tournants; 2°. le bord de front; 3°. la coque ou l'étoile; 4°. les nœuds à la nouée, les quarrures à la quarrée; 5°. la groſſe boucle; 6°. les corps de rang; 7°. le deſſus de tête; 8°. le deſſus de boucle; 9°. le toupet.

Nota, que les treſſes du toupet ſe placent & ſe couſent de bas en-haut, & que l'intervalle entre les deux rangs de ſon milieu ſe remplit dans toute ſa longueur par la treſſe qu'on mene en zigzag; c'eſt ce qu'on nomme *le chamarage du toupet*.

A la Perruque d'Abbé,

1°. Le bord de front; 2°. la coque ou l'étoile; 3°. les tournants; 4°. le deſſus de tête; 5°. la plaque; 6°. le tour de tonſure.

Nota, qu'il ſe pratique de trois eſpeces de tours de tonſure: la tonſure ouverte, qui laiſſe voir cette partie de la tête à nud, & deux ſortes de tonſures couvertes. A la tonſure ouverte, il faut placer, en montant cette Perruque, le rézeau de façon que ſon centre, qui eſt toujours compoſé de grandes mailles

mailles en rond, ſoit poſé à l'endroit où ſera la tonſure ; on renverſe toutes ces mailles par-deſſus le rézeau tout autour, & on les y coud chacune à part portant des fils de communication d'une maille à l'autre dans tout le pourtour : il n'eſt pas beſoin de dire qu'il faut couper le ruban à couvrir avant & après le rond : on a ſoin de tenir ce rond ouvert un peu oval en travers, parce que la Perruque étant tendue ſur la tête de l'Abbé, il deviendra parfaitement rond. Quant aux deux eſpeces de tonſures couvertes, il s'en fait une au Métier du Rubanier ; c'eſt un petit tiſſu ſur lequel dépaſſent des rangées de cheveux très-courts, imitant les véritables qui auroient été coupés depuis peu ; on coud ce tiſſu autour du rond de la tonſure : l'autre ſe fait par le Perruquier avec des treſſes très-fines, qu'on coud en ſpirale ſur le ruban à couvrir, juſqu'à ce qu'ils rempliſſent tout le vuide de la tonſure.

Au Bonnet,

1°. Les tournants ; 2°. le bord de front ; 3°. la coque ou l'étoile ; 4°. les grands corps de rang ; 5°. les petits corps de rang ; 6°. le deſſus de tête ; 7°. la plaque.

A la Brigadiere,

Elle ſe coud comme le Bonnet ; on y ajoute ſeulement par-derriere deux groſſes boucles en tire-bouchon accollées, qu'on noue avec une roſette de ruban noir.

A la Perruque en bourſe,

1°. Les tournants ; 2°. le bord de front ; 3°. la coque ; 4°. les corps de rang ; 5°. le deſſus de tête ; 6°. le liſſe.

Nota, que la Perruque en bourſe ſe fait le plus ſouvent à oreilles, rarement à monture pleine ; alors le liſſe prend ſur l'oreille même au-deſſous des corps de rangs.

A la Perruque naturelle,

1°. Les tournants ; 2°. le bord de front ; 3°. la coque ; 4°. le deſſus de tête ; 5°. les grands corps de rang ; 6°. les petits corps de rang ; 7°. la plaque qui doit être treſſée clair, & former des boucles étagées ſur les côtés & terminées en pointe par une ſeule boucle, ou bien (& c'eſt la derniere mode) ſans boucles aux côtés, mais terminée quarrément par une boucle ſur le doigt qui en tient toute la largeur. *Voyez Pl. II. fig. E.*

A la Perruque en cadenettes,

Elle ſe coud comme la Perruque en bourſe ; on ſépare la plaque, ou plutôt le liſſe en deux portions égales, qu'on enferme chacune dans une cadenette : cette Perruque eſt paſſée de mode, cependant quelques-uns la conſervent encore.

ARTICLE SIXIEME.

Quelques Circonstances.

A toutes les montures pleines on met un cordon par-derriere, c'est-à-dire, que l'on attache au ruban à monter vers le dessous de l'oreille de chaque côté, un petit cordon ou une ficelle, qu'on enferme en repliant par-dessus, le bord de ce ruban qui lui sert de fourreau, & le soutient jusqu'au-derriere de la tête, au-dessus de la nuque du col : c'est en cet endroit que les deux portions du cordon se nouent, & se serrent plus ou moins, pour affermir la Perruque sur la tête, & la faire porter par-tout.

Lorsqu'on ne ferme pas avec le ruban à monter les Perruques à demi-oreilles & à oreilles, on ajoute & on coud dessus, à l'endroit où il cesse derriere les oreilles, une jarretiere, ou, pour mieux dire, deux moitiés de jarretieres *E E*, *fig. A*, une de chaque côté; on les serre tant qu'on veut avec la boucle : & comme ces sortes de montures sont plus légeres que les pleines, & n'embrassent pas si bien toute la tête, on les rend plus solides en les garnissant avec du bougran, dont on met un morceau au dessus de tête, & deux autres, un de chaque côté le long de la joue, depuis l'échancrure jusqu'au retour du ruban à monter, & par-dessus ledit ruban, auquel on le coud, excepté son côté qui regarde le derriere de la Perruque, qu'on ne coud point alors, afin de pouvoir introduire une forte eau de gomme entre lui & le ruban, au moyen d'un petit bâton plat; l'eau de gomme en place, on acheve de coudre le bougran, & tout de suite les rangs de tresses qui passent en ces endroits; ce qu'il faut faire avant que la gomme se soit séchée : on observe le même procédé au dessus de tête.

PLANCHE IV.

Lorsqu'on doit faire une Perruque à une personne dont les tempes sont creuses, il est difficile de la faire approcher dans cet endroit, à moins de se servir d'un petit ressort d'acier, tel qu'on en met aux montres : on en casse la longueur d'un pouce & demi à deux pouces, on le place en travers sur le ruban à monter, un peu au-dessous de l'échancrure, sa bande en-dessous, & on le maintient en place par une couture qui l'emmaillotte tout du long; ce ressort agissant sur la coëffe, la pousse dans l'enfoncement de la tempe.

Il y a des Perruquiers qui placent sur le bord de la Perruque, entre le bougran & la coëffe, une lame de plomb large d'environ deux doigts, qui prend depuis l'échancrure jusqu'au bas; cette lame ne s'ajuste qu'aux montures à oreilles; elle sert à faire mieux coller le bord de la Perruque, parce que la lame se plie aisément, prend & conserve mieux le contour des tempes; mais cette pratique n'est pas aussi bonne qu'on le croiroit; le plomb est un métal mol & de peu de ressort, qu'il perd aisément pour peu qu'on le tourmente, ou se casse bien-tôt; alors il ne servira plus de rien.

Quelquefois lorſque le Perruquier ne juge pas à propos de ſe ſervir du reſſort, il paſſe une ſoie le long du bord de la Perruque à l'endroit des tempes, & la ſerre un peu, ce qui ſuffit alors pour coller la Perruque en cet endroit.

ARTICLE SEPTIEME.

Achever la Perruque.

QUAND votre Perruque eſt entiérement couſue, examinez-la, & ſi vous la trouvez trop garnie de cheveux, vous ferez avec vos petits cizeaux l'opération d'effiler, expliquée au Chapitre II. *de la Coupe des Cheveux*, pour en diminuer la quantité.

Enſuite ayant mis chauffer ſur la braiſe modérément le fer à paſſer *x*, vous PLANCHE III.
prendrez un bout de chandelle que vous frotterez légérement le long de la racine des rangs, par repriſes; & à chacune, mouillant votre doigt, vous humecterez l'endroit du ſuif, & tout de ſuite vous appliquerez le fer ſur l'endroit humecté; vous parcourrez ainſi toutes les treſſes auxquelles vous trouverez cette opération convenable; elle raffermit la racine des treſſes.

Le fer à paſſer *x*, eſt formé comme on le voit dans l'eſtampe; le petit quarré 2 eſt deſtiné à chauffer les endroits étroits : ce fer eſt très-utile; il redreſſe & aſſujettit les cheveux à la coque, aux devants, aux tournants, & ſert à égaliſer les boucles ſuivant leurs contours aux Perruques d'Abbé : quelques-uns ſe ſervent à ſa place du carreau ſemblable à celui des Tailleurs, mais beaucoup plus petit.

Enfin, vous peignerez tous les rangs, vous formerez des boucles que vous *rafraîchirez* ſur le doigt, expreſſion de Perruquier, qui ſignifie relever la boucle autour du premier doigt de la main gauche, & coulant les cizeaux tout le long de ce doigt, couper toutes les pointes qui dépaſſent, pour mettre la boucle à l'uni.

Cela fait, coupez toutes les brides de fil qui attachent la Perruque à la tête de bois qui ne vous ſert plus de rien, & placez-la ſur une tête-à-perruque, ou ailleurs; mais ſuppoſant que vous vouliez l'accommoder tout de ſuite, il faut commencer par mettre la premiere poudre; pour cet effet, prenez-la à pleine main & l'imbibez par-tout avec force pommade, mêlée avec un peu d'huile d'olive, peignez-la & poudrez-la à fond, puis formez groſſiérement les boucles.

ARTICLE HUITIEME.

Accommoder la Perruque.

ACCOMMODER *une Perruque*, ſignifie la diſpoſer à être miſe ſur la tête de celui pour qui elle eſt faite; cette diſpoſition conſiſte à la peigner à fond, l'arranger avec grace, y mettre l'eſſence ou pommade, & la poudrer : pour venir à bout de toutes ces opérations, vous commencerez par poſer votre Perruque ſur une tête de bois montée ſur ſon pied : il s'en fait de deux ſortes; l'une reſte toujours à la même hauteur ; l'autre, qui ſe nomme *à couliſſe*, *fig.* F, eſt la plus commode, parce qu'elle peut deſcendre & monter à la hauteur qu'on veut, attendu que ſon pied eſt de deux piéces ; le bâton ſupérieur *I*, s'enfonce dans l'inférieur *II*, & une vis de bois *III*, l'arrête plus ou moins haut, de façon qu'on peut opérer debout ou aſſis : poſez votre Perruque bien préciſément ſur le milieu de la tête ; & pour la maintenir en place & l'empêcher de varier, ayez deux crochets de fil de laiton, que vous accrocherez par un bout au ruban à monter vers l'oreille, & par l'autre à un ruban ou cordon, que vous nouerez ſous le menton de la tête : c'eſt une mauvaiſe maxime pour fixer ſa Perruque, de l'arrêter ſur le milieu du haut de la tête avec une groſſe épingle debout, qui traverſe la coëffe & s'enfonce dans le bois ; cela ne l'empêche pas de varier quand on la peigne.

PLANCHE IV.

Quand vous avez peigné à fond & mis la pommade forte, vous vous mettez à *diſtribuer*, c'eſt-à-dire, à faire en gros votre arrangement général. Voyez pour le ſurplus le Chapitre II. *de la Coupe des Cheveux*.

Il ſe pratique aux Perruques de trois ſortes d'accommodages ; *le peigné, les boucles & le crêpé* ; ces deux derniers ſont pris de l'accommodage des cheveux naturels : le crêpé, ou tapé, eſt plus généralement en uſage pour les Femmes : quant au peigné qui eſt un entrelacement étudié de la friſure, une eſpece de mouſſe de cheveux, qui ſe mêlant les uns avec les autres, font un effet agréable à la vûe, il ne s'exécute guère en général que ſur les Perruques nouées ou quarrées.

Après la diſtribution vous finirez par mettre bien également l'eſſence & la poudre.

La Boëte, *fig.* G, dont les Perruquiers ſe ſervent pour porter leurs Perruques en ville ſans qu'elle ſe dérange, & qui eſt faite exprès, a un pied & demi de haut, c'eſt un quarré long ; elle s'ouvre en-dehors par un côté, & par-deſſus : du milieu de ſon fond s'éleve un bâton *a*, arrondi au tour, qui ſe nomme *le champignon*, parce qu'il ſe termine en-haut par un rond qui reſſemble à la tête d'un champignon : on poſe la Perruque deſſus ; de cette façon, elle eſt en l'air, & ne touche d'aucun côté à la boëte, que l'on ferme enſuite ; on la porte en la prenant par un anneau *b*, placé au milieu de ſon couvercle.

On renvoie la façon de mettre une Perruque aux fils & en papillottes, au Chapitre VII, qui traite des Perruquiers en vieux, parce que c'eſt leur pratique.

M. *Quarré*, celui dont il a été fait mention dans l'Avant-Propos, vient d'imaginer une eſpece de Perruques qui ne ſe défriſent & ne ſe dérangent jamais

jamais au vent, ni à l'eau, en un mot, indéfriſables; il n'y entre d'autre matiere que du cheveu; on eſt exempt de les peigner & arranger, un peu d'eſſence & de poudre leur ſuffiſent, quand on le veut : ces Perruques ſont faites pour mettre le chapeau qui n'y apporte aucun dérangement. Elles peuvent ſe conſtruire en bonnet, en bourſe, en cadogan, en cadenettes: elles ſont excellentes pour les Chaſſeurs, les Gens de cheval, les Voyageurs, les Courriers, les Gens de Mer, enfin pour tous ceux qui s'expoſent aux intempéries de l'air. *Il demeure actuellement rue des Foſſés S. Jacques, en montant de la rue S. Jacques à l'Eſtrapade.*

CHAPITRE SIXIEME.

Des Cheveux & Perruques de Femmes.

LES FEMMES ont ordinairement la tête fort garnie & les cheveux longs, ce qui donne une grande facilité à varier les accommodages; ces variations ſont partie du travail d'un ordre d'Ouvriers & d'Ouvrieres, qu'on nomme *Coëffeurs* & *Coëffeuſes* : ces Gens ſont ſaiſiſſables quand ils ne ſont pas du Corps des Perruquiers, auxquels ſeuls appartient le droit d'accommoder les cheveux des deux ſexes.

Les Femmes ſont obligées, comme les hommes, pour entretenir leurs chevelures en bon état, de faire faire leurs cheveux de temps en temps : cette façon, quelque mode qui ſubſiſte, eſt toujours la même; tout le bord de la face juſqu'à l'oreille ſe fait très-court, & s'augmente de longueur par degrés juſqu'à deux pouces & demi, dans l'étendue d'environ deux pouces en arriere, puis les cheveux plus longs & du chignon s'étagent à proportion de leurs longueurs.

L'accommodage d'à-préſent pour les cheveux naturels eſt de taper plus ou moins de largeur tout autour du front & des joues juſqu'aux oreilles, *fig. I. II. IV. a a a.* De ce crêpé s'élevent des boucles ſur le doigt rangées côte à côte, juſque derriere les oreilles, *fig. II. IV. b b b.* Tout le derriere de la chevelure du haut en bas ne ſe friſe point, mais ſe releve & s'attache vers le ſommet de la tête; c'eſt ce qu'on nomme *le chignon relevé*, *fig. III. c.* D'autres dont les cheveux ſont courts, ſe font friſer généralement toute la tête; on tape le devant comme aux précédentes, tout le reſte ſe forme en boucles qu'on arrange entre elles de diverſes façons ſuivant l'idée; cet accommodage ſe nomme *un bichon*; la tête repréſentée dans la *fig. I.* eſt un bichon en boucles briſées ou en point d'Hongrie. PLANCHE V.

Pour friſer les cheveux les plus courts, on ſe ſert d'une eſpece de papillottes qui ſe nomment *papillottes tortillées*; pour les faire, on tord par le milieu dans ses doigts une petite bande de papier *cc*, ce qui forme un petit bilboquet très-mince ; on le place en travers par le milieu sur la pointe tendue du cheveu, que l'on roule autour tant qu'on peut aller, on approche ensuite les deux bouts du petit papier *d*, qu'on tortille ensemble ; on recouvre le tout d'une papillotte ordinaire.

Nota, que comme on frise les Femmes à grand nombre de petites papillottes, leurs peignes d'accommodages sont construits différemment de ceux pour Homme ; ils ont une queue mince sur laquelle on tourne les boucles : on en voit de deux sortes, *Pl. V. uu.*

On va maintenant parler des Perruques & parties de Perruques, que quelques Dames sont nécessitées de commander aux Perruquiers.

En général, les Perruques de Femmes sont analogues aux Perruques en bourse, ou aux bonnets des Hommes ; aussi les nomme-t-on *des bonnets* : leurs parties à part sont des devants, des côtés, des chignons, &c.

Les Perruques de Femmes ne se font jamais qu'à oreilles ; mais la monture en est différente en ce qu'on n'observe point d'échancrure, & que comme elles doivent avoir le tour du visage plus découvert que celui des Hommes, on recule davantage le ruban à monter ; le reste de la monture est rarement un rézeau, mais ordinairement du taffetas, de la toile fine, des rubans assemblés, &c. On la ferme par derriere, où on la serre avec des cordons de cheveux ou autres : on coud les devants de haut en bas, les corps de rang suivant la direction que l'on veut donner aux boucles, & le chignon comme à la Perruque en boucles. Les parties de Perruque ci-dessus énoncées, qui se travaillent à part sur la tête de bois, se cousent sur de la toile de cholet, ou autre, ou du taffetas, que l'on tend bien à leur place sur cette tête : le devant de tête qui doit être tapé, a des tresses courtes & fines : les chignons relevés sont des tresses de lisse ; les boucles des côtés se cousent sur du padou bien tendu.

Quand une Dame n'a pas assez de cheveux pour former un chignon relevé de l'épaisseur nécessaire, on lui fournit une *toupe* ; cette toupe n'est autre chose qu'un ramassis de bouts de cheveux, de quelque espece qu'ils soient, vieux ou neufs, bons ou mauvais ; à force de les pêtrir dans les mains, ils se confondent, s'accrochent, & s'entremêlent de maniere qu'ils deviennent un corps consistant, auquel on peut cependant donner une forme ; on donne donc à la toupe de l'épaisseur dans le milieu, & on l'amincit en gagnant les bords, on la pose sous la rendoublure du chignon quand on le releve, ce qui le fait paroître suffisamment renflé.

On se sert encore pour les chignons relevés d'un peigne *x*, fait exprès, assez gros, tourné en portion de cercle, à grosses & longues dents, éloignées l'une de l'autre environ d'un demi-pouce ; on garnit tout le haut de ce peigne de plus ou moins de boucles de cheveux *y* ; ces boucles ſont formées par de la treſſe, qu'on tourne en vis paſſant entre ſes dents ; on ſépare la friſure en boucles de différents ſens ; on enfonce ce peigne ainſi garni au haut du chignon, ſoit des cheveux naturels, ſoit des Perruques, quand on veut être entiérement coëffée en cheveux. *Voy. fig. III.* Car on met rarement une garniture au-deſſus.

Outre les accommodages dont on vient de parler, il y en a encore de pur ornement qu'il faut que le Perruquier ou Coëffeur exécute ; ce ſont des boucles à part & poſtiches, faites pour être placées aux cheveux naturels & aux Perruques, en différents endroits de la tête où les graces les appellent ; ces boucles ont une manufacture particuliere, dont il convient de donner ici les procédés généraux, comme faiſant partie de l'Art ; mais attendu qu'il ſeroit trop long & ſuperflu de décrire toutes les formes dont on les varie, il ſuffira de dire comme on s'y prend, en donnant pour exemple deux eſpeces de ces boucles les plus communes, ſçavoir, une boucle de côté *l*, & une boucle à coquille *o*.

Prenez du fil de fer très-fin *m n*, faites-le recuire, pliez en double & tordez ce qu'il vous faudra pour faire une queue plus ou moins longue ; repliez encore de ce fil tors juſqu'à la longueur que vous voulez donner à la boucle, & pincez-la en même temps par la tête du cheveu dans le haut de ce ſecond repli, que vous ſerrerez enſuite tout contre ; tournez votre treſſe autour deſcendant en tire-bourre, obſervant que la friſure ſoit de côté *l* ; vous ceſſerez de tourner où le ſecond redoublement finit, vous lui ferez faire un petit crochet, vous lierez cet endroit avec une ſoie, & vous couperez le ſurplus de la treſſe, il reſtera une queue de fil de fer tors ; c'eſt par le moyen de cette queue qu'on enfonce dans les cheveux, que vous placerez la boucle où vous voudrez. La boucle en coquille *o*, ſe commence comme la précédente ; mais on fait le ſecond redoublement plus court ; on approche plus l'un de l'autre les tours de treſſe, & on dirige la friſure en-haut, ou on évaſe la boucle.

Nota, que les Perruques de Femmes, une fois achevées, ne s'accommodent plus que ſur la poupée ou tête de carton.

CHAPITRE SEPTIEME.

Des Perruquiers en vieux.

DANS le commencement de l'Art du Perruquier, le commerce des cheveux n'étant pas encore bien établi, ils étoient rares & chers, joint à ce qu'on garniſſoit ſi prodigieuſement les Perruques, qu'il y en avoit telle dont le prix étoit exceſſif : alors quelques Perruquiers conçurent qu'ils auroient du débit, & feroient bien leur compte, en achetant à bon marché des Perruques plus ou moins ufées. Ils les retravailloient, pour ainfi dire, à neuf, en triant les meilleurs cheveux, & de deux n'en faifoient qu'une. Ils en mettoient d'autres aux fils, d'autres en papillotes, fuivant qu'ils les trouvoient fufceptibles de l'un ou l'autre apprêt. Ils vendoient ces Perruques à bien meilleur marché, & il s'en trouvoit à tout prix. Il eft vrai qu'elles n'étoient pas de durée : mais comme elles jouoient le neuf, elles devenoient d'un grand fecours aux Particuliers, auxquels la fortune ne permettoit pas une plus forte dépenfe, & enfin aux indigents.

Cependant le commerce devint plus abondant; l'abus des groffes & longues crinieres fe réforma, & les Perruques par conféquent baifferent de prix; de façon qu'à préfent le plus grand nombre peut y atteindre; auffi celui des Perruquiers en vieux eft-il réduit à peu.

Ils ne peuvent tenir boutique à Paris que fur le Quai de l'Horloge du Palais. Ils ne font point la barbe; ainfi ils n'ont point de baffins pour enfeigne : ils peuvent feulement avoir fur le rebord de leurs boutiques ce qu'ils appellent *un Marmot*, qui eft une vieille tête de bois fur laquelle ils clouent une très-vieille Perruque.

Ils peuvent, autorifés par une ancienne Sentence de Police, faire du neuf; mais il leur eft enjoint d'y mêler du crin, & en conféquence d'attacher au fond de la coëffe un écrit contenant ces mots, *Perruque mêlée*; le crin mêlé dans le corps de la Perruque eft défendu à tout autre Perruquier, de façon que fi celui du Quai de l'Horloge alloit s'établir par tout ailleurs dans Paris, il courroit rifque d'être faifi & amendé s'il employoit du crin.

Ils achetent de vieilles Perruques de toute efpece, les mettent en papillottes & les paffent au fer, ou bien ils les mettent aux fils, pour en raffermir la frifure, afin de les vendre enfuite un peu plus cheres qu'ils ne les ont achetées : ce font proprement les Perruquiers des pauvres gens.

PLANCHE V. On met aux fils du haut en bas, c'eft-à-dire, qu'on commence par la boucle *1*, la plus haute, qu'on tourne dans fes doigts comme pour mettre une papillotte, puis avec une aiguille & du fil qu'on a arrêté au-deffus à la Perruque par un nœud, on traverfe la boucle de haut en bas 2, par le milieu, puis on paffe fon fil au travers de l'anneau croifant le premier fil, enfuite, avant de ferrer, on repaffe en deffous au travers du retour qu'on vient de faire pour traverfer l'anneau, ce qui forme un point noué avec lequel on ferre la frifure qui ne fçauroit plus fe défaire; on fait tout de fuite cette opération aux boucles inférieures 3, &c. l'une après l'autre; on continue au rang d'à côté & à tous les autres; fi la frifure refte du temps en cet état, elle fe raffermit, mais elle n'eft plus fi durable. Quant aux papillottes, elles fe conduifent comme aux cheveux naturels. *Voyez le Chapitre II.*

CHAPITRE

CHAPITRE HUITIEME.

Le Baigneur Etuviste.

PARMI le Corps des Perruquiers il s'en trouve qui choisissent la partie des Bains & Etuves, dont l'objet regarde la propreté du corps humain & souvent la santé.

Les Instruments du Baigneur-Etuviste sont en petit nombre, mais d'un bien plus grand prix que ceux de ses Confreres Perruquiers.

Il s'agit pour lui d'un Appartement bien distribué pour la commodité des Bains; il lui faut une Piéce à cheminée pour chauffer l'eau, & dans laquelle seront les deux réservoirs, l'un pour l'eau froide, l'autre pour l'eau chaude, qui communiqueront à toutes les Baignoires par des tuyaux fermés par des robinets *H*, qui seront placés deux à deux au-dessus de chacune, vers le milieu d'un de ses côtés. Il doit avoir plusieurs Baignoires en différentes chambres, quelques petites Garde-robbes bien fermées, qui se nomment *des Etuves*, lorsqu'avec des poëles on leur a donné le degré de chaleur convenable: ces étuves doivent être à portée des Bains; quelques lits; d'ailleurs le déshabillé complet, comme bonnets, robbes de chambre, chemises de Bain, &c. & tout le linge nécessaire, draps, serviettes, &c.

Les Baignoires ordinaires *A*, sont de cuivre rouge étamé en-dedans; elles ont trois pieds dix pouces de long, environ deux pieds de large & autant de haut: elles ont la forme d'un oval allongé, applati par les côtés vers un de leurs bouts; au fond est une crapaudine percée de plusieurs trous, de laquelle part un tuyau qui coule sous le fond, sort du pied de la Baignoire, & est terminé par un robinet *B*, qui, lorsqu'on l'ouvre, se dégorge dans un entonnoir plat C, pratiqué dans le carreau, & joint à un tuyau qui sort en-dehors, au moyen duquel toute l'eau de la Baignoire peut s'écouler.

Le reste des Instruments est un petit Seau à une anse *D*, de cuivre étamé en-dedans, d'environ six pouces de diamétre & de quatre pouces de profondeur: on s'en sert à mêler dans la Baignoire les eaux chaudes & froides, en les y agitant, à ôter de l'eau, aux immersions; &c. un tuyau de fer-blanc, terminé en entonnoir par le haut *E*, avec une anse de fil de fer; on passe cette anse sur le robinet d'eau chaude, le tuyau alors descend près du fond de la Baignoire, & y porte l'eau du robinet pour échauffer le fond, où l'eau se refroidit plus aisément que dans le reste. Le Baigneur a des sandales *F*, à semelle & talon de bois, doublées de futaine & à étriers de futaine piqués; ces sandales servent à passer du Bain dans l'étuve, & à en revenir: il se sert de gants pour appliquer le dépilatoire, d'éponges pour l'ôter & de mitaines de toile ou de futaine G, pour les autres frictions : il a des fonds de Bain pour garnir les Baignoires : ce qui s'appelle un *fond de Bain*, est une piéce de *toile à drap*, taillée sur le contour de la Baignoire, & qui la couvre en entier en-dedans & en-dehors.

ARTICLE PREMIER.

Le Bain de Propreté.

L'ESPECE de Bain qui exerce le plus souvent le Baigneur, est le Bain de propreté : on le prend par délices en pleine santé ; aussi les gens riches & sensuels ont ordinairement chez eux ce qu'on appelle l'*Appartement des Bains*, qui n'a uniquement que cette destination.

Le Baigneur commence par chauffer l'eau du réservoir d'eau chaude & l'étuve ; il met le fond de Bain à la baignoire ; c'est dans l'étuve où on se déshabille entiérement ; on met un bonnet, & on s'assied sur une chaise ou un fauteuil totalement de bois ; alors le Baigneur commence ses frictions.

La premiere est, (lorsqu'on la demande) celle de la pâte dépilatoire, dont voici la formule.

Pâte dépilatoire du Baigneur.

Chaux vive . . .	4 onces	Eau chaude suffisamment pour réduire le tout en pâte liquide ; ce qui est bientôt prêt.
Orpiment, . . .	1 once ½	

Comme les dépilatoires sont du ressort des Pharmacopées, on a extrait & on propose ici un dépilatoire, tiré de celle du célebre Lémery, qui paroît plus raisonné & mieux fait que le précédent, quoiqu'il soit aux mêmes doses.

Dépilatoire de Lémery.

Chaux vive, . . .	4 onces.	Lessive de tiges de féves, .	2 livres.
Orpiment, ...	1 once ½		

Faites brûler les tiges dont vous ferez une lessive avec eau commune : filtrez la lessive, mettez-la dans un vase de terre vernissée, jettez-y la chaux entiere, laissez-la macérer pendant quelques heures, ajoutez l'orpiment ; faites cuire à feu médiocre jusqu'à consistance de pâte liquide : pour éprouver si le dépilatoire est à son point, on trempe dedans une plume avec ses barbes ; si en retirant la plume, les barbes quittent sans effort, il est comme il le faut.

Pour appliquer la pâte aux endroits où il en est besoin le Baigneur met un gant ; il laisse travailler le dépilatoire pendant sept minutes à la montre, au bout duquel temps prenant une éponge trempée en eau chaude, il le lave & l'ôte entiérement ; puis mettant une mitaine de Baigneur, il frotte par-tout avec un mélange d'eau & de son, après quoi il fait une immersion d'eau chaude, la verſant par la nuque du col, elle ſe répand ſur tout le corps; enſuite avec ſa mitaine & de la poudre d'amandes ameres délayées en eau chaude, il frotte par tout : l'effet de cette derniere pâte eſt de rendre la peau douce ; celle qui ſuit eſt excellente.

Pâte jaune.

Amandes ameres, . . .	3 quarterons.	Miel de Narbonne, ...	1 demi-liv.
Pignons, ...	1 quarteron.	Jaunes d'œufs-frais durcis,	. 8

Pilez les amandes & pignons en poudre impalpable, puis vous mêlerez le tout enſemble, & la pâte eſt faite ; elle eſt incorruptible & ſe conſerve toujours ; pour s'en ſervir on la délaie avec de l'eau : cette pâte nourrit la peau, & la rend douce & moëlleuſe.

Enfin, on nettoie tout le corps avec du ſavon de Naples, battu dans l'eau & réduit en groſſe mouſſe.

Toutes ces frictions & immerſions terminées, on met les ſandales pour paſſer de l'étuve dans la baignoire, où on demeure plus ou moins de temps: quand on en ſort on rechauſſe les ſandales, on rentre dans l'étuve, où le Baigneur vous reſſuie avec des linges chauds, & vous met des eaux de ſenteur. Il y a des perſonnes qui ſe mettent enſuite dans le lit bien baſſiné, d'autres non. On ne prend guères ces Bains qu'un ou deux jours de ſuite, & de temps à autre.

ARTICLE SECOND.

Le Bain de Santé.

CE qu'on appelle *Bain de ſanté*, ſe prend comme le précédent, avec de l'eau tiéde, mais pluſieurs jours de ſuite, & ordinairement comme reméde par ordre du Médecin : c'eſt pourquoi on fait abſtraction de toutes les frictions & immerſions délicieuſes qui accompagnent le Bain de propreté. Il ne s'agit à celui-ci que de ſe mettre dans l'eau, & y reſter une heure plus ou ou moins, ſuivant l'ordonnance ; on vous eſſuie ſeulement quand vous en ſortez, & vous vous mettez au lit quelques moments.

Il ſe pratique encore d'autres Bains compoſés, dont le but eſt purement médicinal; on ne doit point entrer ici dans le détail des raiſons pour leſquelles on les prend, mais ſeulement les nommer.

Le *Bain chaud de lait* au lieu d'eau.

Le *Bain froid.* On ne peut guères y reſter que ſix à ſept minutes ; on ſe met tout de ſuite au lit, où on ſue abondamment.

Bains Artificiels.

Le Bain, {
avec décoction d'herbes émollientes.
avec décoction d'herbes aromatiques.
d'eaux minérales artificielles.
avec la limaille de fer, &c.

Article Troisieme.

Bains Locaux.

Le *demi-Bain*, eſt celui où il n'y a que la moitié baſſe du corps qui trempe dans l'eau.

Le *quart de Bain* eſt celui où les ſeules extrémités, comme jambes ou bras, trempent dans la liqueur.

La *Douche* eſt de l'eau chaude minérale ou autre, qu'on fait tomber de haut ſur quelque partie du corps.

Le *Bain d'inceſſion* eſt celui au moyen duquel, étant aſſis ſur un vaſe qui contient quelque liqueur chaude, on en reçoit la fumée.

Le *Bain de ſuffumigation* eſt celui qui au moyen d'un conduit porte la vapeur de quelque liqueur chaude ſur la partie du corps qui lui eſt deſtinée.

Article Quatrieme.

Bains Secs.

Le *Bain de ſablon* : on enfonce la partie affectée dans du ſablon chaud.

Le *Bain de marc de raiſin* : on enfonce la partie malade dans du marc de raiſin nouveau & chaud.

Tous ces Bains peuvent s'exécuter chez le Baigneur ; il n'eſt queſtion pour lui que de ſuivre exactement l'ordonnance.

Article Cinquieme.

Remarques ſur une Machine nommée Cylindre.

Le plus grand nombre n'eſt pas de ceux qui vont chez le Baigneur, beaucoup ſe baignent chez eux ; mais comme ils n'ont pas les commodités qui ſe trouvent chez lui pour chauffer l'eau, & pour la maintenir à ſon point de chaleur, on a imaginé depuis quelques années une machine très-commode à cet égard, mais en même temps très-dangereuſe ſi on s'en ſert mal-à-propos. Cette machine ſe nomme un *Cylindre I*; il eſt de cuivre rouge, & reſſemble à un très-gros coquemard : du bas du cylindre s'élevent deux tuyaux *KK*, un de chaque côté, qui le dépaſſent de quelques pouces : on remplit toute cette machine de charbon enflammé, & on la poſe au milieu de l'eau de la baignoire ; les évents qui ſont les deux tuyaux dont on vient de parler, donnent de l'air au charbon, de peur qu'il ne s'éteigne, & ſervent en même temps à donner iſſue à ſa vapeur. Quand le cylindre a échauffé l'eau au degré convenable, on l'ôte & on ſe met dans le bain : on le range à part, ſouvent dans la même chambre qu'on a ordinairement ſoin de tenir bien cloſe pour être garanti de l'air extérieur pendant qu'on ſe baignera.

Voilà

Voilà la description de la machine & la mauvaise maniere de s'en servir : car malheureusement bien des personnes peu instruites, ne se doutent pas seulement de ses terribles effets, ou plutôt de ceux de la vapeur du charbon renfermée & sans issue en-dehors. Quoiqu'on sçache assez d'ailleurs les malheurs arrivés à plusieurs qui ont mis dans leurs chambres des brasiers de charbon allumé, ou de braise étouffée, en se couchant, pour se garantir du froid de la nuit, & que ceux qui n'ont pas été secourus à temps ont été trouvés morts, on ne pense cependant pas que cette machine puisse produire le même effet. M. le Vayer, Maître des Requêtes, s'étant servi du cylindre mourut dans son bain, aussi bien que son chien qui étoit dans la même chambre : la vapeur du charbon qu'on respire passant dans les poumons, s'y mêle avec le sang qu'il fixe & arrête petit à petit, & on meurt en dormant.

Après avoir averti du danger éminent de cette machine, il faut dire qu'elle est cependant fort commode & sans aucun péril, si on s'en sert avec toutes les précautions nécessaires : on chauffera donc l'eau de la Baignoire comme ci-dessus, mais pendant que le cylindre est dans l'eau, on laissera entrer l'air du dehors par quelque ouverture, comme porte ou fenêtre, & quand il sera ôté & transporté dehors, on se mettra dans le Bain, sans trop se presser cependant d'y entrer, & de fermer la communication de l'air extérieur ; de cette façon on ne court aucun risque évident.

CHAPITRE NEUVIEME.

Des Bains sur la riviere.

On n'entend pas parler ici de ces grands Bateaux qui paroissent en été dans Paris sur la riviere de Seine, couverts de toiles qui descendent en appentis sur l'eau, où elles s'attachent à des pieux enfoncés dans l'eau, & cachent à la vûe du peuple ceux ou celles qui se baignent : ceci ne regarde qu'imparfaitement l'objet du Bain ; mais ce qu'on a dessein de décrire dans ce Chapitre, est un véritable & solide établissement construit dans un Bateau sur l'élément essentiel à l'Art du Baigneur, duquel il peut aisément jouir avec profusion, & y joindre toutes les circonstances qui s'y rapportent.

L'idée de cet heureux établissement étant venue à un Baigneur nommé *Poitevin*, successeur du sieur Dubuisson, Baigneur du Roi : il en entreprit l'exécution s'il pouvoit en obtenir la permission au Conseil : elle lui fut accordée par Lettres-Patentes du Roi, le quatre Avril 1760 ; elles furent enregistrées en Parlement le treize Août 1761, sur les rapports favorables du *Lieutenant-Général de Police ; du Substitut du Procureur-Général du Roi au Châtelet ; du Prevôt des Marchands & Echevins ; de l'Académie des Sciences ; de la Faculté de*

Médecine, & du premier Chirurgien du Roi. En conſéquence le ſieur Poitevin fit conſtruire à ſes frais deux Bateaux à peu-près pareils, ſur chacun deſquels il a aſſis un bâtiment ; l'un composé d'un rez-de-chauſſée & d'un étage dans la manſarde, l'autre d'un ſimple rez-de-chauſſée : ces deux édifices occupent toute l'étendue de leur Bateau : il a placé le plus conſidérable du côté du Fauxbourg S. Germain, vis-à-vis le bout des Tuileries, où il eſt toute l'année ſans jamais changer de place. A l'égard de l'autre, il l'envoie tous les ans vers la pointe de l'Iſle S. Louis, vis-à-vis des Céleſtins, où il arrive le premier Avril, & y reſte juſqu'à la fin de Septembre.

On va donner une idée générale de la diſtribution du Bâtiment le plus conſidérable, qui eſt le premier dont on a fait mention, auquel le ſecond reſſemble en grande partie.

Il a cent quarante-un pieds de longueur, vingt-quatre pieds de largeur, & dix-huit pieds de haut juſqu'à l'arrête du toît qui eſt couvert d'ardoiſe ; le rez-de-chauſſée eſt partagé en deux dans ſa longueur par un corridor de cinq pieds de large : ce corridor eſt interrompu vers ſon milieu par un eſpace quarré qui occupe toute la largeur du Bâtiment, & dans lequel ſont placés le fourneau & la chaudiere : cet eſpace ſépare en même temps les Bains des Femmes de ceux des Hommes ; chaque chambre n'a qu'une baignoire ; elles ont toutes neuf pieds de long ſur ſix pieds de large, chacune éclairée par une croiſée. Du côté des Hommes il y a quinze chambres de Bain, deux chambres à lit, dont une à deux lits, une étuve & une douche. Les douches de la conſtruction du ſieur Poitevin conſiſtent en un tonneau doublé de plomb, élevé ſur des tréteaux, placé au premier étage, vers les réſervoirs du deſſous de ce tonneau part un tuyau de cuir, qui traverſe le platfond d'une chambre de l'étage inférieur, où il eſt terminé par un entonnoir, ou ajutoir de cuivre, dont l'ouverture en bas a environ quatre lignes de diamétre ; il arrive juſqu'à huit ou dix pouces au-deſſus d'une baignoire dans laquelle on place le Malade pour recevoir la douche, c'eſt-à-dire, l'eau tiéde qui portée par des pompes des réſervoirs dans le tonneau, tombe avec rapidité ſur la partie affectée, où elle eſt conduite par la main du Baigneur. Du côté des Femmes il y a onze chambres de Bain, pareilles chambres à lit, étuve & douche ; les tuyaux des poëles qui ſont dans les étuves, ſont diſpoſés de maniere qu'ils répandent la chaleur dans tout le Bâtiment. L'étage dans la manſarde a cinq Bains du côté des Hommes, dont quatre ſont accompagnés d'un lit ; & deux du côté des Femmes, dont un a un lit ; total, trente-trois Baignoires : le reſte de l'eſpace eſt employé en ſéchoirs pour le linge, chambre de domeſtiques, &c. Au milieu de l'étage dont on vient de parler, au-deſſus de l'eſpace quarré du rez-de-chauſſée, ſont placés trois réſervoirs conſidérables qui reçoivent l'eau de la riviere par deux pompes à bras, qui étant de l'autre côté du Bateau, font toujours à cinquante pieds du bord & enfoncées dans l'eau. Le premier réservoir est rempli de sable : l'eau après l'avoir pénétré, remonte toute filtrée dans le second, d'où elle passe dans le troisieme, duquel partent les tuyaux qui portent l'eau froide à toutes les baignoires, pendant que d'autres partant de la chaudiere leur distribuent l'eau chaude.

M. Poitevin exécute dans ses Bateaux les Bains de toute espéce ; Bains de propreté, de santé, Médecinaux, &c. comme tout autre Baigneur peut faire chez lui, avec l'avantage de plus de prendre l'eau sur le lieu même, de la filtrer, & de l'employer à toute heure du jour & de la nuit, dans toutes les saisons, & quand même la riviere seroit glacée ; & quoique l'eau ait traversé tout Paris avant d'arriver jusqu'à lui, il n'en résulte aucun inconvénient, attendu qu'en la filtrant aussi parfaitement qu'elle peut l'être, il en sépare toutes les parties hétérogènes, & la rend aussi pure qu'elle l'est à sa source.

EXPLICATION

PAR ORDRE ALPHABETIQUE

Des Termes de l'Art employés dans cet Ouvrage.

B

BAIGNOIRE, espece de cuve applattie par les côtés, ovale par les deux bouts; il s'en construit de cuivre & de tonnellerie, on la remplit d'eau tiéde, dans laquelle on s'enfonce jusqu'au col sur son séant.

BARBE. *Voyez* FAIRE LA BARBE.

BASSIN A BARBE, vase creux, oval, échancré par un de ses côtés, cette échancrure entoure le devant du col sous le menton; il s'en fait d'étain, d'argent, de fayence, de porcelaine; on le remplit à moitié d'eau chaude ou froide, & après y avoir fait fondre du savon ordinaire, ou du savon préparé qu'on nomme *une savonette*, on en imbibe la barbe, afin que le razoir la coupe plus facilement.

BICHON, nom qu'on donne aux cheveux du derriere de la tête d'une femme, quand ils sont courts & frisés en entier.

BILBOQUET, petit bâton de buis de deux à trois pouces de long, plus mince au milieu qu'aux deux bouts, destiné à rouler autour les cheveux de la perruque pour les friser, en les faisant bouillir ensuite & les mettant dans le pâté.

BOETE A POMMADE, ordinairement de fer blanc, dans laquelle on met la pommade.

BOETE A PERRUQUE; elle est de bois, capable de contenir une perruque posée sur un bâton debout dans le milieu, qu'on nomme *le champignon*; on la transporte ainsi au lieu de sa destination.

BOETE A POUDRE; elle est ronde & de ferblanc, on y met la poudre, elle reste dans la boutique.

BORD DE FRONT, tresse de cheveux très-courts que l'on coud sur le bord du front de la perruque.

BOUCLE, arrondissement des pointes des cheveux frisés, quand on leur fait prendre la forme d'un anneau plus ou moins étendu.

BOUTEILLE A L'EAU, vase de cuivre rouge de la forme d'un gros flaccon, il tient environ une chopine d'eau, on le ferme avec un bouchon de liége; il sert à mettre de l'eau chaude pour la transporter dans sa poche aux endroits où on va faire la barbe.

C

CARDE, espece de brosse hérissée de grand nombre de longues pointes de fer debout côte à côte.

CHEVEUX PLATS, OU EN GRAS; on nomme ainsi les cheveux coupés sur une tête, tels qu'ils en sortent, & avant d'avoir subi aucune préparation.

CHEVEUX HERBÉS, ce sont des cheveux roux qu'on fait blanchir sur l'herbe en Suisse & en Angleterre.

CHIGNON, nom qu'on donne aux cheveux longs du derriere de la tête d'une Femme, quand on les a retroussés à plat & arrêtés vers le sommet.

COEFFE A PERRUQUE, espece de calotte formée par un filet rond & quelques rubans; c'est sur cette coëffe que se cousent tous les cheveux qui composent la perruque.

COQUE, tresses de cheveux qui forment le milieu du front d'une perruque.

COQUEMARD, espece de pot de cuivre rouge à anse & à couvercle, qui sert pour chauffer l'eau dans la boutique.

CORPS DE RANGS, tresses qui forment les côtés de la perruque; on les distingue en *corps de rangs croisés*, ou *grands corps de rangs*; ceux-ci entourent le bas de la perruque, on en croise les bouts l'un sur l'autre; & en *petits corps de rangs*, ils garnissent les côtés commençant au-dessus des précédents, & finissant vers l'échancrure.

CÔTÉS, ne se dit qu'aux Femmes; ce sont des boucles ou des cheveux qu'on ajoute aux côtés de leurs chevelures pour les garnir.

CRESPÉ, le crêpé est une frisure très-courte, confondue & mêlée ensemble de toutes sortes de sens.

CRIN, on ne se sert que du crin de la criniere des chevaux, jamais de celui de la queue.

CUIR A RAZOIR, morceau de cuir de veau préparé, collé sur du bois; on coule à plusieurs reprises le razoir sur ce cuir pour le faire couper plus doux.

D

DÉCORDER, c'est ôter les cheveux de dessus les bilboquets.

DÉGAGER

DÉGAGER, c'eſt aſſembler pluſieurs portions de cheveux décordés.

DESSUS DE TESTE, pluſieurs rangs de treſſes courtes & légeres, qu'on coud au ſommet de la tête.

DESSUS DE BOUCLE, pluſieurs rangs de treſſe qu'on coud au-deſſus de la groſſe boucle aux perruques nouées & quarrées.

DÉTÊTER, c'eſt ſéparer pour premiere opération les cheveux qu'on va préparer, en petites portions qu'on lie d'un fil à meſure qu'on les a ſéparés.

DEVANT DE TESTE, une ou deux treſſes très-courtes, qu'on coud tout autour du front juſqu'aux échancrures.

DEVANTS, cheveux treſſés ſur un ruban ou ſur une portion de coëffe, pour garnir le devant de la chevelure des Femmes.

DISTRIBUER, c'eſt arranger le tout enſemble d'une perruque, pour donner à la friſure la forme qu'on deſire, ſoit en boucles, ou en peigné, &c.

DOUCHE, eau chaude qu'on verſe de haut dans un tuyau qu'on dirige ſur la partie malade de celui qui la reçoit.

E

ECHANCRURE, eſt l'endroit où on coud le ruban à monter au haut de la tempe, pour le faire enſuite deſcendre le long de la joue.

EFFILER, c'eſt rendre, en coupant avec les cizeaux, les cheveux naturels moins garnis; on coupe de même avec la pointe des cizeaux pluſieurs cheveux aux rangs de treſſe quand la perruque paroît trop épaiſſe : c'eſt auſſi rendre inégaux de la même façon les cheveux plats des plaques qui garniſſent le derriere de pluſieurs eſpeces de perruques, afin qu'ils ne faſſent pas la vergette. Il y a encore une façon de les effiler avant de les mettre en place, expliquée dans le corps de l'Ouvrage.

ETAGER, c'eſt rendre, en ſe ſervant des cizeaux, les cheveux naturels de deſſus plus courts que ceux d'au-deſſous; c'eſt auſſi faire ſuccéder petit-à-petit en treſſant, les cheveux longs aux courts, ou les courts aux longs.

ETAU, inſtrument de fer dont on ſe ſert pour contenir les aſſemblages de cheveux quand on veut les tirer pour les ſéparer en pluſieurs portions.

ETOILE, treſſes de cheveux au milieu du front d'une perruque, dont on dirige la friſure en deux portions qui ſe regardent, & repréſentent le deſſein d'un cœur dont le milieu ſeroit vuide.

ETUVE, ouvrage de Boiſſelier imitant un tonneau debout ſans fond, ayant un couvercle en haut, & plus bas un treillage de fil-de-fer, ſur lequel on étend les bilboquets ſortants de la chaudiere, pour en ſécher les cheveux au moyen d'une poële de pouſſiere de charbon allumé qu'on met en-bas.

F

FAIRE LA BARBE, c'eſt la couper avec un razoir après l'avoir humectée avec de l'eau de ſavon, ou une ſavonette.

FAIRE LES CHEVEUX, c'eſt leur donner une forme réguliere & agréable en retranchant avec les cizeaux leurs inégalités.

FAIRE LA TESTE, c'eſt la razer entiérement.

FER, eſpece de tenailles de fer, avec lequel étant chaud, on preſſe les papillotes pour aſſûrer la friſure & la rendre durable.

FER A PASSER, inſtrument de fer qui ſert au Perruquier pour qu'étant modérément chaud & appliqué au défaut des treſſes couſues, il rende le cheveu ferme & ſolide.

FER A TOUPET, eſpece de longs cizeaux, auxquels au lieu de lames ſont deux longues branches de fer, l'une ronde, l'autre creuſée en goutiere, dans laquelle la premiere ſe loge; on prend entre ces deux branches, le fer étant chaud, le toupet des cheveux naturels pour le renverſer & tourner ſa friſure vers le ſommet de la tête.

FIL DE PESNE, fils longs qui ſervent aux Tiſſerands pour tendre leurs Métiers; les Perruquiers les emploient en diverſes occaſions.

FIL EN TROIS, fil de lin en trois brins, avec lequel les Perruquiers couſent les rangs de treſſe à la coëffe.

FOND DE BAIN, drap de toile blanche dont les Baigneurs couvrent les baignoires en entier, tant en-dedans qu'en-dehors.

FRISURE, ſe dit des cheveux naturels, quand au moyen de la papillote & du fer, ils reſtent tournés ſur eux-mêmes, alors ils ſont *friſés*. La friſure de la perruque eſt la même choſe, excepté qu'ayant préparé ſans l'aide du fer les cheveux qui doivent compoſer une perruque, ils reſtent *friſés* beaucoup plus long-temps que les naturels.

G

GROSSE BOUCLE en tire-bouchon, piéce qui ne ſe met qu'aux perruques nouées & quarrées; ſa place eſt derriere ces perruques au milieu du bas, & pend ſur la nuque du col; elle eſt toujours de pur crin.

GRUAU, farine très-légere qui retombe dans l'aire des moulins lorſqu'ils travaillent; on s'en ſert pour dégraiſſer les cheveux deſtinés à la perruque.

H

HOUPPE, aſſemblage de nombre de gros brins de ſoie qui terminent les étoffes de ſoie, on les lie enſemble en rond; on enfonce cette houppe dans la poudre dont elle se remplit, puis on la secoue au-dessus des cheveux enduits d'essence ou de pommade, la poudre qui s'en détache les blanchit.

L

LE LISSE, cheveux longs & droits qui se cousent à la coëffe, & occupent tout le derriere de la perruque en bourse; on les renferme dans la bourse.

M

MARMOT, c'est l'enseigne des Perruquiers en vieux; ils appellent ainsi une vieille tête de bois sur laquelle ils clouent une très-vieille perruque, & mettent le tout sur le rebord de leurs boutiques pour leur servir d'enseigne.

MECHES, petites portions de cheveux que le Perruquier fait & lie chacune à part à mesure qu'il dégage. *Voyez* DÉGAGER.

MÉTIER, instrument de bois sur lequel on tend les soies qui servent à tresser le cheveu.

METTRE AU DÉGRAS, c'est saupoudrer le gruau sur les portions de cheveux qu'on vient de détêter.

METTRE AU FER, c'est presser avec le fer chaud toutes les papillotes d'une chevelure.

METTRE AUX FILS, c'est rouler les boucles d'une perruque & arrêter chacune avec du fil.

METTRE A L'INDIGO, c'est tremper les cheveux blancs dans une forte eau d'indigo pour leur donner un œil bleuâtre.

METTRE EN PAPILLOTES, c'est rouler les cheveux naturels & renfermer chaque boucle dans du papier, de peur qu'elle ne se déroule.

METTRE LA PREMIERE POUDRE à une perruque, c'est y appliquer le premier enduit d'essence & de poudre.

METTRE EN SUITE, c'est enfiler ensemble les portions de cheveux à mesure qu'on les sépare du tas.

MESURES EN PAPIER, nombre de lignes paralleles l'une sous l'autre, qu'on fait à l'encre sur des morceaux de papier, pour indiquer aux Tresseuses les rangs de tresse qu'elles ont à exécuter pour la garniture entiere d'une perruque.

MITAINE DE BAIGNEUR, espece de mitaine de toile dans laquelle tous les doigts sont renfermés, & qui se noue au poignet; le Baigneur s'en sert pour ses frictions.

MONTER LA PERRUQUE, c'est en composer la monture.

MONTURE, est l'arrangement sur la tête de bois des ruban, rézeau, étoffes, &c. qu'on fait tenir ensemble par des coutures, ce qui forme une espece de calote légere, sur laquelle on coud ensuite tous les cheveux d'une perruque. Il s'en fait de plusieurs sortes. La *Monture pleine* est celle qu'on conduit jusqu'au-dessous des oreilles qu'elle enferme. La *Monture à oreilles* est celle qui laisse les oreilles à découvert: celle *à demi-oreilles* en cache le haut & laisse le bas découvert.

N

NœUDS, piéces particuliéres à la perruque nouée: ce sont deux assemblages de longs cheveux qui pendent derriere cette espece de perruque de chaque côté de la grosse boucle, on releve chacun par un nœud simple.

P

PAPILLOTE, petit morceau de papier coupé en triangle, avec lequel on enveloppe & on serre les portions de cheveux qu'on roule sur eux-mêmes pour les friser.

PAPILLOTE TORTILLÉE, est celle qu'on emploie pour la frisure des cheveux très-courts; on tortille dans les doigts en long une petite laniere de papier, on la tourne avec le cheveu, puis rassemblant les deux bouts du papier, on les tortille ensemble, ensuite on couvre le tout d'une papillote ordinaire.

PAQUETS, on nomme ainsi les portions de cheveux préparés & prêts à tresser.

PASSÉE, quantité plus ou moins grande de cheveux préparés qu'on tire d'un paquet pour la tresser tout de suite.

PASSER AU FER, c'est saisir avec la tête du fer à friser tout chaud, chaque papillote l'une après l'autre, pour faire tenir la frisure en desséchant le cheveu.

PASSER SUR LE CUIR, c'est couler la lame du razoir à plusieurs reprises sur un cuir préparé, afin de le faire couper doux.

PASTÉ, enduit de farine de ségle en forme de croute de pâté, dont on enveloppe les cheveux attachés aux bilboquets, pour ensuite les mettre au four afin d'en affermir la frisure.

PEIGNES DE PERRUQUIER; ces peignes sont partagés en deux différentes proportions de dents, d'un bout à la moitié les dents sont plus grosses & éloignées, & de-là jusqu'à l'autre bout plus fines & serrées; ceux pour Femmes n'ont qu'une moitié en dents, l'autre n'est composée que d'un manche ou queue.

PETIT SEAU, instrument de Baigneur; il est rond, de cuivre étamé en-dedans, il peut contenir deux pintes, il a une anse; il sert à mêler ensemble dans le bain les eaux chaude & froide, à ôter de l'eau, &c.

PIERRE A RAZOIR, espece de pierre polie dont le grain est très-fin, elle sert avec un peu d'huile à affiner le tranchant des razoirs en les coulant dessus à plusieurs reprises.

PLAQUE, tresses de cheveux longs, plats & ondés par la pointe, dont on garnit tout le derriere de la tête de certaines perruques.

POINTE, on appelle la pointe du cheveu le bout qui en termine la longueur.

POMMADE FORTE, on la fait en mêlant un peu de poudre dans la pommade.

POUDRE, préparation de certaines farines qui répandues ſur les cheveux leur donnent un œil blanc.

POUPÉE, tête de carton grande comme nature, ſur laquelle on accommode les perruques des Femmes.

PRÉPARER LA PERRUQUE, c'eſt travailler le cheveu juſqu'à ce qu'il ſoit treſſé.

Q

QUARRURE, c'eſt les deux derrieres de la perruque quarrée formés par les derniers corps de rangs croiſés, que l'on tient longs, étagés & friſés; ils accompagnent la groſſe boucle, & tombent au-delà quarrément ſur les épaules.

QUEUE DE VEAU, de géniſſe, &c. on mêle quelquefois parmi le crin de cheval celui du fanon de la queue des géniſſes quand il ſe trouve aſſez fort, & on s'eſt aviſé de nommer *Perruques de queue de veau* celles qui ſont entiérement de crin.

R

RAFFRAICHIR SUR LE DOIGT; ſe dit lorſque tendant l'index de la main gauche on amene deſſus les boucles, ſoit des cheveux naturels ou de la perruque, & qu'enſuite en coulant les cizeaux le long de ce doigt, on en coupe les pointes qui dépaſſent, afin d'égaliſer les cheveux par leurs extrémités.

RANGS, on nomme ainſi les treſſes quand elles ſont couſues les unes au-deſſus des autres.

RAZOIR, inſtrument d'acier deſtiné à trancher au raz de la peau la barbe, la tête, &c.

REGLE A ETAGER, regle de bois marquée par des lignes eſpacées qui ſervent à meſurer les différentes longueurs de cheveux des paquets avant de les treſſer.

REPASSER LA BARBE, c'eſt la mouiller une ſeconde fois pour y repaſſer le razoir, afin qu'elle ſoit coupée au plus près qu'il eſt poſſible.

REPASSER SUR LA PIERRE. *Voyez* PIERRE A RAZOIR.

RÉZEAU, on nomme ainſi une eſpece de petit filet rond fait exprès, qui fait partie de la monture des perruques.

RUBAN A MONTER, c'eſt du ruban de ſoie ou fil & ſoie, avec lequel on forme le bord de la monture.

RUBAN A COUVRIR, celui-ci eſt toujours fil & ſoie & bien plus large que le précédent, on l'attache en croix par-deſſus le rézeau pour affermir la monture.

S

SAC A POUDRE, petit ſac de peau de mouton, dans lequel on met de la poudre pour la tranſporter hors la boutique.

SANDALES DE BAIN, elles ſont à ſemelles & talons de bois, doublées en-dedans de futaine ainſi que leurs étriers; elles ſervent à mettre les pieds à nud pour paſſer du bain à l'étuve, & réciproquement.

SERAN, groſſe carde; on enfonce en premier lieu dedans, les cheveux pour commencer à les débrouiller.

T

TAPER, c'eſt repouſſer ſur eux-mêmes avec le peigne les petits cheveux friſés pour leur donner l'apparence de cheveux crêpés : cet accommodage ſe fait plus communément aux Femmes qu'aux Hommes.

TESTE DE BOIS, eſt celle que le Perruquier fait faire au Sculpteur ſur la meſure qu'il a priſe ſur la perſonne qu'il doit coëffer, afin de conſtruire deſſus les perruques qu'il lui fera.

TESTE A PERRUQUE, elle eſt de bois comme la précédente; on l'enfonce ſur le haut d'un bâton rond debout, long de quatre pieds & demi, ou environ, planté ſur un pied en croix; c'eſt ſur cette tête qu'on poſe la perruque chaque fois qu'on veut l'accommoder. On en a imaginé une autre bien plus commode, on la nomme *à couliſſe*, parce que le bâton qui la ſoutient s'enfonce à volonté dans un trou profond, percé au milieu d'un morceau de bois attaché à un pied en croix pareil au précédent, au haut duquel eſt un écrou & une vis de bois qui ſerre le bâton de la tête à la hauteur qu'on veut, ce qui fait qu'on peut à ſa volonté accommoder & arranger la perruque aſſis ou debout.

TESTE DU CHEVEU, c'eſt l'extrémité des cheveux qui tenoit immédiatement à la tête de la perſonne à qui on les a coupés.

TOUPE, ramaſſis de bouts de cheveux de rebut, qui pêtris dans les mains deviennent une maſſe ſolide, à laquelle on donne l'épaiſſeur & la forme néceſſaire pour être placée ſous le retrouſſis du chignon des Femmes, afin de lui prêter de l'épaiſſeur quand il eſt trop peu garni.

TOUPET, il y en a de deux ſortes : le *toupet des cheveux naturels*, on appelle ainſi les cheveux relevés ſur le milieu du front : le *toupet de la perruque* ne ſe fait qu'aux perruques nouées & quarrées; c'eſt un eſpace aſſez étendu de cheveux plats qui occupe à ces perruques le milieu du derriere de la tête.

TOUR, c'eſt un ruban ſur lequel ſont couſus des rubans de treſſe étagés, on le ferme, il fait tout le tour de la tête par les côtés ; on l'ajoute & on le confond avec les cheveux naturels des Hommes quand ils sont trop peu garnis.

Tour de tonsure, se fait uniquement aux perruques d'Abbé ; c'est un rond coupé dans la monture qui imite la couronne des Prêtres.

Tresse, c'est un entrelacement de cheveux passés entre trois soies tendues sur le métier ; il s'en fait de deux sortes : les unes sont *étagées*, c'est-à-dire, de cheveux successivement de longueurs différentes ; les autres que l'on nomme *tresses à l'aune*, se font depuis un bout jusqu'à l'autre avec des cheveux toujours de même longueur.

Fin de l'Art du Perruquier.

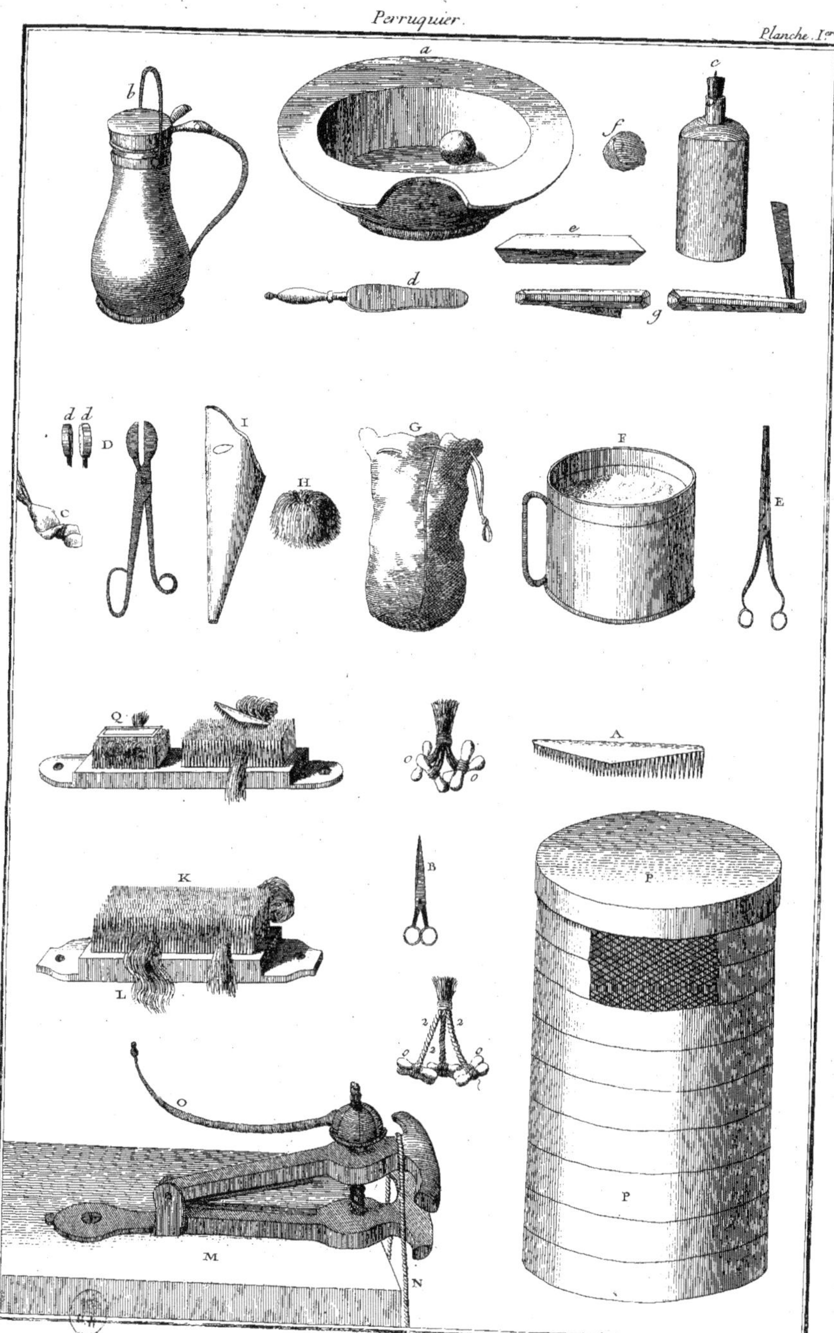
a
b
c
f
e
d
g
d d
D
C
I
H
G
F
E
Q
A
o
o
K
B
P
L
O
P
M
N

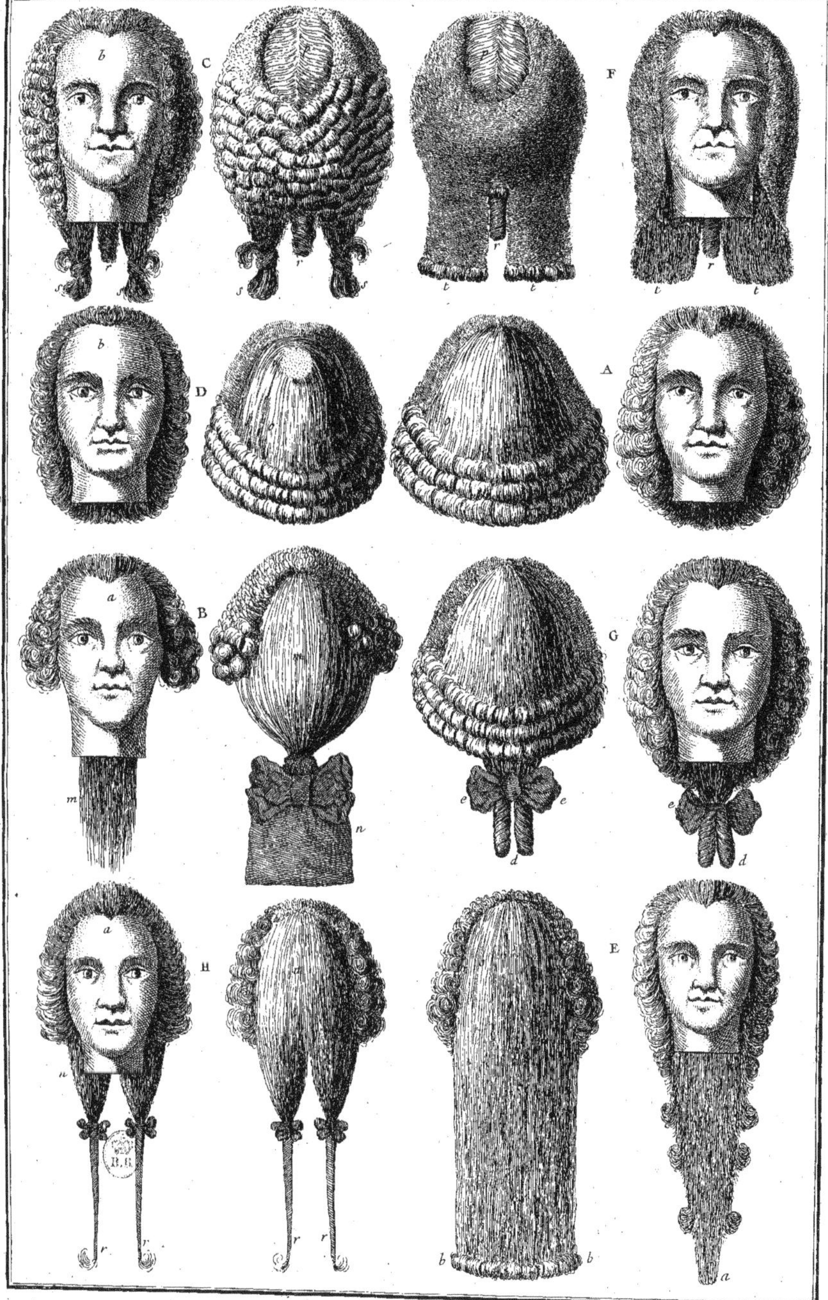
C
F
D
A
B
G
H
E

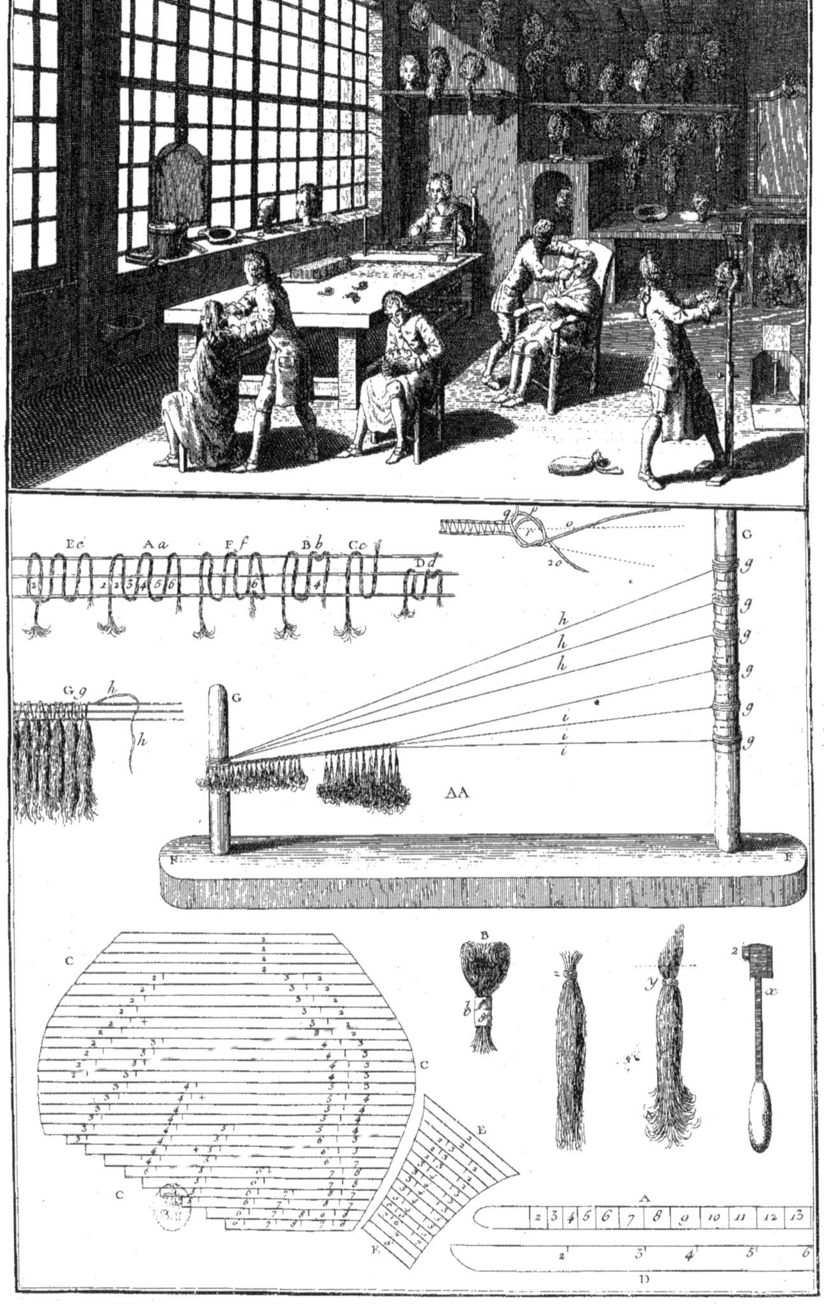
Ec
Aa
Ff
Bb
Cc
Dd
G
g
h
i
AA
Gg
F
C
E
A
D
B
b
y
x
2 3 4 5 6 7 8 9 10 11 12 13

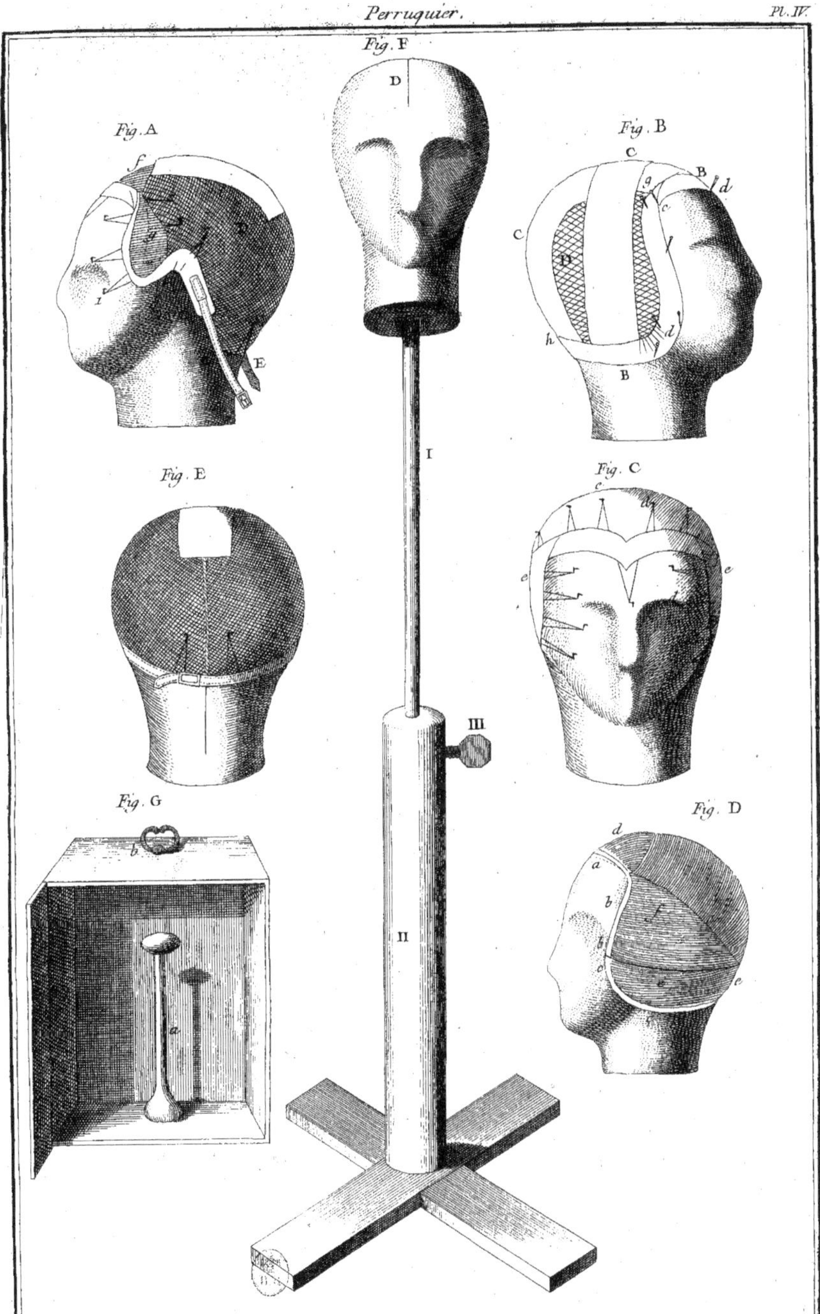
Fig. F
D
Fig. A
f
g
D
i
E
Fig. B
C
B
g
d
c
C
D
h
d
B
I
Fig. E
Fig. C
c
d
e
e
III
Fig. G
b
a
II
Fig. D
d
a
b
b
c
f
e
e

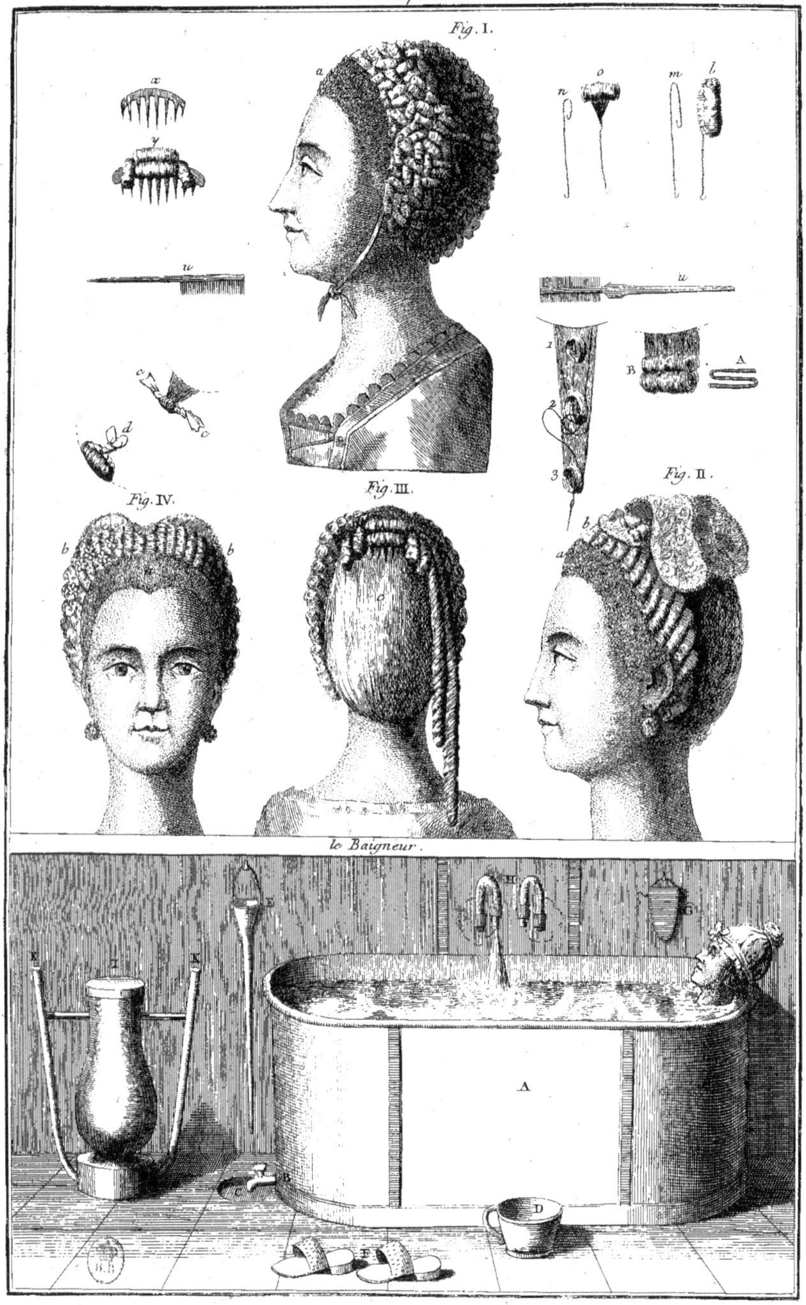

Fig. I.

Fig. IV.

Fig. III.

Fig. II.

le Baigneur.

www.ingramcontent.com/pod-product-compliance
Ingram Content Group UK Ltd.
Pitfield, Milton Keynes, MK11 3LW, UK
UKHW022139190726
13855UKWH00003B/1233

9 782013 058056